普通高等院校系列规划教材——材料类

西华大学材料科学与工程四川省卓越工程师教育培养计划项目

西华大学材料科学与工程四川省专业综合改革项目

结构阻燃与新技术教程

主　编 ◎ 陈宝书

副主编 ◎ 左　龙　　廖　力

西南交通大学出版社

·成都·

图书在版编目（CIP）数据

结构阻燃与新技术教程 / 陈宝书主编. —成都：
西南交通大学出版社，2017.8
普通高等院校系列规划教材. 材料类
ISBN 978-7-5643-5081-9

Ⅰ. ①结… Ⅱ. ①陈… Ⅲ. ①阻燃剂 – 高等学校 – 教
材 Ⅳ. ①TQ569

中国版本图书馆 CIP 数据核字（2017）第 222178 号

普通高等院校系列规划教材——材料类
结构阻燃与新技术教程

责任编辑／李伟
主　　编／陈宝书　　　　特邀编辑／傅莉萍
封面设计／墨创文化

西南交通大学出版社出版发行
（四川省成都市二环路北一段 111 号西南交通大学创新大厦 21 楼　　610031）
发行部电话：028-87600564　　　028-87600533
网址：http://www.xnjdcbs.com
印刷：成都中铁二局永经堂印务有限责任公司

成品尺寸　185 mm×260 mm
印张　6　　字数　154 千
版次　2017 年 8 月第 1 版　　印次　2017 年 8 月第 1 次

书号　ISBN 978-7-5643-5081-9
定价　25.00 元

前　言

本书通过双螺杆挤出和层压热复合技术，介绍了具有浓度梯度的层状 PBT（Polybutylene Terephthalate，聚对苯二甲酸丁二醇酯）阻燃复合材料的制备方法，阐述了层与层之间阻燃剂浓度差以及层厚对 PBT 阻燃复合体系阻燃性能的影响。通过双螺杆挤出机和平板硫化机，制备均匀分散形态和海岛形态的 PBT 阻燃复合材料，介绍了均匀分散形态和海岛形态对 PBT 阻燃复合体系阻燃性能及力学性能的影响。采用 UL-94 垂直燃烧、极限氧指数（LOI）、热失重（TGA）及拉伸等方法，分别测试了均匀分散、层状浓度梯度、海岛形态三种形态的 PBT/IFR（膨胀型阻燃剂）阻燃复合材料的阻燃性能、热稳定性能及力学性能。通过差示扫描量热法（DSC）、扫描电子显微镜（SEM）以及偏光显微镜（PLM）表征了 PBT/IFR 复合材料结晶情况以及不同形态下的阻燃剂与 PBT 基体的相容性。

（1）使用不同比例的 IFR 对 PBT 进行阻燃改性，通过均匀分散的方法，制备均匀分散形态 PBT/IFR 复合材料。随着阻燃剂质量分数的增加，阻燃性能逐渐提高，但其力学性能相应下降。当 PBT 复合材料中含 40% IFR 时，LOI 由 21.5%增加到 27.1%，UL-94 等级达到 V0 级。添加 IFR 有利于使纯 PBT 复合材料形成炭层，当阻燃剂含量为 22.5%时，达到 V0 级，PBT 综合性能最佳。

（2）通过多层热复合方法，制备一系列浓度梯度的层状 PBT/IFR 复合材料。浓度梯度 IFR 分布在层状 PBT/IFR 复合材料中，层与层之间界面相容性好。与相同质量分数 IFR 的均匀分散 PBT/IFR 复合材料相比，层状之间浓度差越小和浓度梯度多级化，有助于提高层状 PBT/IFR 复合材料的阻燃性能，能延缓复合体系的燃烧，而且还能抑制银纹在整个体系中的扩展，减缓其力学性能的下降幅度。IFR 浓度梯度分布对层状 PBT/IFR 复合材料的热稳定性有一定影响。

（3）通过单层热复合方法，制备一系列海岛形态的 PBT/IFR 复合材料。IFR 呈海岛形态，分布在 PBT/IFR 复合材料中，且海岛之间界面相容性较好。与同等质量分数 IFR

均匀分散 PBT/IFR 复合材料相比，合理调控后的 IFR 海岛分布，有助于提高 PBT/IFR 复合材料阻燃性能及减缓力学性能的下降幅度。调控及优化 IFR 海岛分布，有助于调控 PBT/IFR 复合材料的热稳定性。

本书可作为材料科学与工程学科的本科生教材，也可作为从事材料科学研究的工程技术人员的参考书。

由于编者水平有限，书中疏漏和不足之处在所难免，恳请广大读者批评指正。

编　者

2017 年 6 月

目　录

1 绪 论

1.1 聚合物阻燃的重要性和意义

火是人类文明发展的重要标志。然而火是一把双刃剑，一方面火的使用可以改善人类饮食和取暖条件，不断促进社会生产力的发展，也使人类创造出大量的社会财富；另一方面如果失去对火的控制，火又具有很大的破坏作用，在人类社会发展中产生多发性的灾害。火灾是各种灾害中发生频率最高且极具毁灭性的灾害之一，其直接损失大约为地震的五倍，仅次于干旱和洪涝。火灾每年会夺走成千上万人的生命，造成数以亿计的经济损失。据统计，全球每年火灾造成的经济损失可达整个社会国民生产总值的 0.2%，我国火灾的次数和损失虽比发达国家要少，但损失也非常严重。统计表明，我国火灾每年的直接经济损失：20 世纪 50 年代为 0.5 亿元，60 年代为 1.5 亿元，70年代为 2.5 亿元，80 年代为 3.2 亿元；进入 90 年代后，火灾损失更为严重，前 5 年损失平均每年已达 8.2 亿元。根据国外的统计，火灾的间接损失是直接损失的 3 倍左右，由此可见火灾造成的损失是非常震惊的。

20 世纪 50 年代，随着科学技术和工业方面的快速发展，塑料、橡胶、纤维等高分子材料在生产和生活中的地位越来越重要，它们能够替代越来越多的普通材料，使用也日趋广泛。高分子材料与钢材、水泥、木材共同构成现代产业的四大基础材料，如今高分子产业已经遍布世界的各个角落，高分子材料已普遍应用于国民经济的各个领域，包括农业、汽车、建筑、包装、电子电器、航空航天以及国防军工等，成为了人们物质生活中必不可少的材料之一。然而由于它们主要是由碳、氢元素组成，极易燃烧，在给人民生活带来方便的同时，却也隐藏着巨大的火灾隐患。

高分子材料由于具有质轻、节能、加工性能好等优点，已广泛应用于生产和日常生活中，但绝大多数高分子材料都易燃，一旦燃烧，燃烧速度快，不易熄灭。近几十年来世界上发生的火灾，很大一部分与聚合物材料的燃烧有关，因此掌握火灾中高分子材料燃烧的危害因素，对火灾进行有效防护非常重要。

高分子材料燃烧时对人和物品产生的直接危害如下：

（1）人体直接接触燃烧的火焰造成的人员伤亡；

（2）火灾中产生炙热气体及辐射引起的烧伤、热窒息、脱水等伤亡；

（3）燃烧过程中会消耗大量空气中的氧，特别是在密闭空间里会造成不同程度的缺氧，对人的生命构成严重危害，这是火灾中最常见的致死、致残原因之一；

（4）高分子材料燃烧大都会产生较多的烟，这同材料本身的结构和成分以及一般火灾燃烧的不完全燃烧反应有关，统计分析显示，火灾中死亡人数约 80%是由于烟雾的原因而造成的，在对材料的阻燃研究和应用过程中，人们也逐渐认识到抑烟与阻燃同等重要；对某些材料而言，抑烟甚至比阻燃还重要，如广泛应用的聚氯乙烯（PVC）等材料；

（5）一般火灾中产生的毒性气体（如 CO）可以导致人中毒致死。

1.1.1 燃烧机理

物质燃烧需要满足 3 个条件：（1）可燃物；（2）助燃气体，最常见就是氧气；（3）温度达到可燃物体的着火点，这三个条件缺一不可。聚合物的燃烧反应是自由基连锁反应。聚合物阻燃所采取的方法就是基于上述原理。选择阻燃剂类型也正是基于以上这些方面来考虑的。

在火灾过程中，聚合物材料在空气中被外界热源不断供给热量，聚合物表面温度不断地升高，达到一定温度时就会使聚合物的化学键断裂，以至发生分解，产生挥发性的热分解产物，这些热分解气体根据其燃烧性能以及产生的速度，在外界热源的继续加热下，达到一定温度就会着火，以一定的速度燃烧起来。燃烧所释放的一部分热量将返回供给正在分解的聚合物，从而产生更多的可燃物。如果燃烧的热能够充足地返回供给聚合物，那么即使去除初始热源，燃烧循环也能够自己进行下去。

从化学反应的原理来说，燃烧反应属于支链反应。所有的支链反应都由以下 3 个过程组成：

（1）链引发：由反应物生成最初自由基过程（即活化中心，如自由原子 H、O 或者自由基 OH 等）。

（2）链增长：活性中心（自由原子或自由基）与大分子相互作用的交替过程。这一过程的特点是每作用一次，活性中心的数量都要增加，这是支链反应的重要特征。

（3）链终止：活性中心（自由原子或自由基）与单体或是其他惰性分子结合而形成稳定的分子。

1.1.2 高聚物的燃烧反应

高聚物热分解产物的燃烧按自由基链式反应进行，包括下述 4 步：
（1）链引发：

$$RH \longrightarrow RH \cdot \text{ 或 } R \cdot + H \cdot$$

（2）链增长：

$$R \cdot + O_2 \longrightarrow ROO \cdot$$

$$RH + ROO \cdot \longrightarrow ROOH + R \cdot$$

（3）链支化：

$$ROOH \longrightarrow RO \cdot + \cdot OH$$

$$2ROOH \longrightarrow ROO \cdot + RO \cdot + H_2O$$

$$RH + RO \cdot \longrightarrow ROH + R \cdot$$

（4）链终止：

$$2R \cdot \longrightarrow R \text{—} R$$

$$R \cdot + \cdot OH \longrightarrow ROH$$

$$2RO \cdot \longrightarrow ROOR$$

$$2ROO \cdot \longrightarrow ROOR + O_2$$

在受热过程中，产生的活性非常大的 H、H· 和 O· 自由基有促进燃烧的作用。只要控制燃烧过程中产生或终止的自由基，就可以达到有效阻燃的目的。

1.1.3 阻燃等级

可燃性 UL-94 等级是塑料材料中应用最广泛的标准。它是用来评价塑料被点燃后熄灭的能力。根据燃烧速度、燃烧时间、抗熔滴能力以及滴落物是否可燃等多种评价方法，每种被测材料根据厚度都可以得到不同值。当选定某个材料时，其 UL-94 等级应满足塑料的厚度要求。UL-94 等级应与厚度值一起报告，只报告 UL-94 等级而没有厚度是不够的。

在塑料阻燃等级中，UL-94 等级共有 12 种：HB、V2、V1、V0、5VB 、5VA 等，且塑料阻燃等级由 HB、V2、V1、V0、5VB、5VA 逐级递增。

HB：UL-94 标准中最低的阻燃等级。要求对于厚度为 3～13 mm 的试样，燃烧速度小于 40 mm/min；厚度小于 3 mm 的试样，燃烧速度小于 70 mm/min；或者在 100 mm 的标识前熄灭。

V2：对试样进行两次 10 s 的燃烧测试后，余焰或者余燃在 60 s 以内熄灭；滴落的微粒可点燃棉花。

V1：对试样进行两次 10 s 的燃烧测试后，余焰或者余燃在 60 s 以内熄灭；滴落的微粒不可点燃棉花。

V0：对试样进行两次 10 s 的燃烧测试后，余焰或者余燃在 30 s 以内熄灭；滴落的微粒不可点燃棉花。

5VB：对试样进行五次 5 s 的燃烧测试后，余焰或者余燃在 60 s 以内熄灭；滴落物不可点燃棉花，对于块状试样允许被烧穿。

5VA：对试样进行五次 5 s 的燃烧测试后，余焰或者余燃在 30 s 以内熄灭；滴落物不可点燃棉花，对于块状试样不允许被烧穿。

1.2 常见阻燃方法

鉴于火灾的严重性，适当的阻燃方法也越来越受到人们的重视，常规阻燃方法有：

（1）添加阻燃剂阻燃；

（2）化学反应阻燃；

（3）采用一些阻燃技术，如表面改性技术；阻燃剂协同作用，氢氧化铝（ATH）中加入硼化物；微胶囊化技术；复配技术；

（4）催化阻燃，利用催化成炭剂阻燃；

（5）合金化阻燃。

常规阻燃方法阻燃剂用量大，效果差，严重影响其力学性能，应寻找新型阻燃方法和阻燃工艺。

1.2.1 添加阻燃剂阻燃

添加阻燃剂的方法是在高分子材料基体中添加适当种类和用量小分子化合物的阻燃剂，利用阻燃剂和高分子材料复合体系在燃烧时的气相或凝聚相阻燃作用来提高高分子材料的阻燃性能。其优点是方法简单、成本较低，能够较灵活地调节高分子材料的阻燃性能，满足生产生活实际应用的需要，目前在阻燃方面应用很广泛。但其在实际应用中也存在一定的问题，限制了它的应用范围。比如加入的小分子化合物大多数阻燃效率较低，需要添加的量就比较多，这样会严重影响加工性能和力学性能，给实际操作带来诸多不便。此外，这些阻燃剂与高分子材料的化学组成差别较大，以致相容性较差，在加工和使用过程中会从高分子材料基体中不断析出，影响到产品的外观品质和阻燃效果的持久性。

1.2.2 化学反应阻燃

化学反应阻燃是通过共聚、交联、接枝等化学反应把阻燃元素或基团引入到高分子材料分子主链或侧链，将易燃、可燃高分子材料转化为具有阻燃性能的高分子材料。接枝和交联是使高分子材料功能化的一种行之有效的方法，近年来这一技术已应用于高分子材料阻燃化。

接枝包括化学接枝和光敏接枝，通过接枝共聚来提高聚合物的热稳定性及阻燃性的凝聚相阻燃模式，即借助于成炭来实现。因为接枝单体能够在聚合物的表面形成黏附的绝缘层，特别是无机绝缘层，对改善聚合物的阻燃性能非常有效。使高分子材料本身交联，或者使高分子材料的热裂解产物在凝聚相中发生交联（多以辐射交联为主），也可以减少可燃产物的产生量，从而改善材料的阻燃性能。

1.2.3　表面改性阻燃

表面改性技术是通过对基体材料的表面采用化学或物理方法，改变材料或工件表面的组织结构或化学成分以提高机器零件或材料的性能。这种方法的优点是只对材料的表面进行改性，在不影响材料本身性能（如力学性能、热稳定性能等）的情况下来提高材料的阻燃性能，以避免添加大量阻燃剂对材料性能带来的负面影响，为高分子材料的无卤阻燃开辟了一个新的途径。存在的问题是工艺过程比较复杂，设备投资大，目前尚没有进行大规模生产。有关人员就在这方面进行了一定研究，其采用硅烷偶联剂 KH-550 表面改性聚磷酸铵（APP），作为单一组分阻燃剂被加入到聚丙烯基体中，APP 被硅烷偶联剂表面改性后，可以提高 APP 在聚丙烯（PP）基体中的分散性和相容性，并具有良好的机械性能，从而改善了阻燃性能和热稳定性。

1.2.4　微胶囊化阻燃

微胶囊化的实质是把阻燃剂有机物或无机物进行包裹，制成微胶囊阻燃剂；或用比表面积很大的无机物为载体，将阻燃剂吸附在这些无机物载体孔隙中，形成蜂窝状微胶囊阻燃剂。微胶囊化具有以下特点：

（1）大大改善了阻燃剂与高聚物的相容性，提高其分散性，且一定程度上能改善其物理力学性能降低的现象；

（2）改善了阻燃剂的热稳定性；

（3）改善了阻燃剂的其他性能，扩大了它的应用。

例如，微胶囊化红磷是在红磷表面包覆一层或几层保护膜而形成的，此包覆层不仅可阻止红磷粒子与氧及水接触而产生磷化氢，又可避免红磷由于冲击、加热而引燃。微胶囊化红磷与普通红磷相比，阻燃效率高，对制品物理机械性能影响较小，又能改善阻燃剂与基体的相容性，且低毒、低烟，与树脂混合时不放出 PH_3，同时也不易被冲击、加热而引燃，耐气候性及稳定性也较好。

1.2.5　复配协同阻燃

在实际应用中，单一的阻燃剂总会存在这样或那样的不足，使用单一的阻燃剂很难满足越来越高的使用需求。阻燃剂的复配技术就是为了适应这种需求而出现并得以快速发展的。阻燃剂的复配技术就是在磷系、卤系和无机阻燃剂三大类阻燃剂之间进行复合优化，寻求最佳性能和社会经济效益。

阻燃剂的复配可以综合两种或两种以上阻燃剂的优点，使其性能互补，达到降低阻燃剂的用量，提高材料的阻燃性能、加工性能及机械性能等目的。

如无机物与有机物复配混合，此复合体系兼有有机阻燃剂的高效和无机阻燃剂的无毒、低烟功能，能够减少无机阻燃剂用量和降低成本，并可以改善高分子材料的其他性能。

又如，叶红卫等人采用在 ATH 中加入适量的硼化物，会起协同阻燃作用的硼酸锌与 ATH 复配的阻燃剂对乙烯-醋酸乙烯共聚物进行阻燃，在 500 °C 以上能够形成类似陶瓷的残渣，而仅用 ATH 时燃烧产物为脆性易落的灰烬，不能很好地阻止其燃烧。

进行阻燃剂复配，就是要充分考虑高聚物的力学性能和阻燃性能后选择最适宜的阻燃剂品种，最大限度地发挥阻燃剂的协同性能，同时还要考虑与各种助剂，如增塑剂、分散剂、热稳定剂、增韧剂、偶联剂之间的相互作用，以达到减少用量、提高阻燃性能的目的。

1.2.6　催化阻燃

提高燃烧过程中聚合物的成炭率可以提高聚合物的阻燃性，抑制聚合物的燃烧。由于炭层能够阻止聚合物在气相中进一步燃烧分解，从而减少返回至聚合物表面的热量，抑制了聚合物的热分解或燃烧，对于成炭率较低的聚合物，如聚烯烃，采用外加成炭剂以提高聚合物的阻燃性能。如加入易成炭剂或膨胀型阻燃剂，在燃烧过程中，可促进炭化，在燃烧表面形成保护层，达到阻燃的作用。

如在聚丙烯/改性蒙脱土纳米复合材料中加入成炭剂（如负载镍催化剂等），可提高其阻燃性能。

1.2.7　合金化阻燃

把某些本身具有良好阻燃性能的高分子材料与常规易燃的高分子通过适当方法制备成高分子合金后，不但可赋予易燃高分子材料适当的阻燃性能，而且由于加入的阻燃高分子材料相对分子质量大、热稳定性好、与高分子基体相容性较好、不容易从高分子基体中迁移和析出，阻燃效果持久，因而有良好的应用前景。

崔红卫等人在合金化阻燃镁合金方面取得了一定的成果，是在镁合金熔炼过程中添加了特定的合金元素（如 Be、Re、Ca、Zn 等）来影响合金氧化过程中的热力学反应，形成具有保护作用的致密氧化膜，以达到阻止合金剧烈氧化的目的，并且镁合金在后续加工过程中的氧化燃烧倾向大大降低，从而提高了镁合金的加工安全性。但到目前为止，阻燃镁合金并没有在生产生活中获得广泛的应用。

1.3 聚合物无卤阻燃的发展

为了防止火灾的产生，阻燃剂在生产生活中占有重要地位，已成为当今热点之一。聚合物阻燃剂分为有卤和无卤两大类。目前，卤素阻燃剂仍占据主导地位，由于它阻燃效果好，可以满足很多塑料制品的阻燃要求。但它在燃烧过程中会产生很多烟和有毒腐蚀性气体。有毒气体扩散速度极快，在火灾中严重妨碍了消防人员的疏散，危险极大，会严重破坏人们的生命财产安全，同时在火灾中，造成人员伤亡的主要原因是火灾中的烟气，被动吸进烟气致死的人员比直接烧死的人员要多得多。鉴于卤素阻燃剂的严重弊端，寻找卤素阻燃剂的替代品——无卤阻燃剂就提上日程。另外，选用无卤阻燃剂还符合环保的要求。不管从生命财产安全，或者环保要求，还是从经济角度出发，无卤阻燃剂都是今后的发展方向。同时，现在膨胀型阻燃剂由于其阻燃效果好、无污染等优点而得到越来越广泛的应用。下面将对无卤阻燃剂在高分子材料中的应用作一些介绍。

1.3.1 磷系阻燃剂

聚磷酸铵（APP）是近年来迅速发展起来的一种相当重要的无卤阻燃剂。其分子通式为$(NH_4)_n+2P_nO_{3n+1}$，短链 APP（$n=10\sim20$）为水溶性，长链 APP（$n>20$）为难溶性。APP 的合成方法有很多，主要是聚磷酸氨化方法、磷酸和氨气缩合方法、P_2O_5 和 $(NH_4)_2HPO_4$ 化合方法、磷酸和尿素缩合方法、P_2O_5 和 $(NH_4)_2PO_4$ 缩合方法等。由于 APP 的含磷量高、含氮量大、分散性好、热稳定性好、毒性低等优点，除了被用于木材、纸张和涂料等阻燃外，还可应用于塑料制品的阻燃。但是 APP 也有一些缺点，如在潮湿的环境中容易吸湿，用它来处理纸张时会使纸张变黄、变脆等，不过可以通过微胶囊化法处理以达到减少或克服自身的不足。APP 可用蜜胺-甲醛树脂、聚脲、环氧树脂、氨基树脂等进行包覆，使其微胶囊化。据报道，将 APP 用蜜胺-甲醛树脂包覆，所得到的微胶囊化 APP 在 25 ℃和 60 ℃水中的溶解度分别为 0.2%和 0.8%，而未微胶囊化 APP 分别为 2%和 62%。用于阻燃 APP 的聚合度通常大于 20，有些产品高达 2 000，APP 常和其他阻燃剂合用，如氢氧化镁、氢氧化铝和红磷等。法国的 Bourbigot 等人研究了在 PP/APP 季戊四醇中加入 0.5%~1%的沸石，复合材料的极限氧指数（LOI）可提高 5～7 个单位，沸石可以帮助形成更好的炭层。Bourbigot 和 Bras 等人在乙烯-醋酸乙烯共聚物（EVA）/APP 体系中，使用尼龙 6/黏土复合材料作为成炭剂，可同时提高 EVA 的阻燃性能和力学性能。以纳米尺寸分散的黏土片层能稳定膨胀炭层的磷碳结构，增加保护效率，形成陶瓷状保护层，限制氧气的扩散，阻隔热量通过炭层的传播。同样在一些其他体系中适量地加入 APP，也可以提高聚合物的阻燃性能。如 Zilbermanl 和 Hull 等人发现，在乙烯-醋酸乙烯共聚物（EVA）中加入 APP 代替一定量的氢氧化铝

（ATH），形成了膨胀的炭层，热失重速率和热释放速率大大减慢，抑烟性能提高，但是加入 APP 之后，阻燃体系 CO 的释放量稍有增加。

1.3.2　膨胀型阻燃剂

膨胀型阻燃剂（Intumescent Flame Retardant，IFR）是以磷和氮为主要成分的无卤阻燃剂，它是于 20 世纪 70 年代发展起来的，用于涂料为基础的新型阻燃技术。含 IFR 的聚合物材料暴露在一定的热辐射下（如火中），材料内部的温度上升，导致热塑性黏合剂熔化，在某一临界温度下，吸热通过化学反应释放气体，形成大量的气泡，导致膨胀层膨胀到最初厚度的好多倍。通过交联固化形成有孔封闭结构炭层，该炭层一旦形成，其本身不燃，可削弱聚合物与热源间的热传递，降低聚合物热分解速度并阻止气体扩散（不仅要阻止热分解产生的可燃气体向外部扩散，而且还要阻止外部氧气扩散到聚合物表面）。一旦燃烧得不到充足的燃料和氧气，燃烧的聚合物便会发生自熄，可见膨胀型阻燃剂主要是通过热化学分解、热化学膨胀并形成多孔泡沫炭层，而在凝聚相起阻燃作用。

膨胀体系成炭结构复杂，影响因素很多。聚合物主体的化学结构和物理性能、膨胀阻燃剂组分、交联反应速率、燃烧和分解时的条件（如温度和氧含量）等诸多因素都会对膨胀成炭的结构产生作用。而膨胀炭层的保护效应不仅取决于焦炭产量、炭层结构、炭层高度、保护炭层的热稳定性，也取决于炭层的化学结构，尤其是环状结构的出现，增加了热稳定性，另外还有化学键的强度以及交联键的数量。

膨胀型无卤阻燃剂主要由炭化剂（碳源）、炭化催化剂（酸源）和膨胀剂（气源）三部分组成。如图 1.1 为多孔炭层形成过程的示意图。高温下膨胀型无卤阻燃剂迅速分解成聚磷酸和氨气，氨气可以稀释气相中的氧气浓度，从而起到阻止燃烧的目的。聚磷酸是强脱水剂，可使聚合物脱水炭化成一层致密的泡沫炭层，隔绝了聚合物和氧气的接触，又能防止熔滴的产生，具有良好的阻燃作用。聚合物燃烧时形成的膨胀性多孔炭层，覆盖在聚合物熔体的表面，引起凝聚相的阻燃作用，阻止火焰的传播，材料可避免进一步分解、燃烧，从而获得良好的阻燃性能，如图 1.2 所示。膨胀型无卤阻燃剂有利于复合材料生成膨胀炭层，不仅提高了阻燃剂的利用率，而且也增强了经济效益，实现了过程控制的优化。

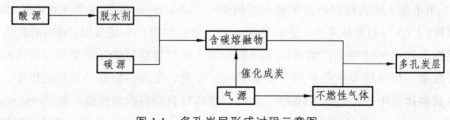

图 1.1　多孔炭层形成过程示意图

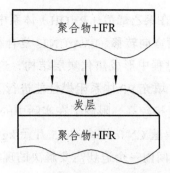

图 1.2 炭层阻燃过程示意图

1.3.3 无机粒子阻燃剂

从 1960 年，Toyota 研发实验室的研究人员报道了尼龙（PA）/蒙脱土（MMT）纳米材料的阻燃性能和力学性能以来，人们对聚合物/蒙脱土纳米材料越来越关注。在许多情况下，这种纳米插层杂化材料显著地提高了聚合物的力学性能和热性能。美国标准和国家技术研究所建筑和火灾实验室的 Gilman 等人系统地研究了尼龙 6/聚苯乙烯和聚丙烯/黏土纳米复合材料。如聚丙烯接枝马来酸酐（PP-g-MA）与改性黏土插层材料，其锥形量热仪燃烧现象表明，与纯 PP 相比，PP-g-MA/黏土纳米材料的最大热释放速率（HRR）降低了 70%，HRR 平均下降 40%，质量损失也大幅降低。透射电镜（TEM）的结果显示，炭层中存在纳米层状阻隔层，此阻隔层能有效地阻止聚合物材料中可燃性小分子气体的挥发，降低火焰传递到本体材料的热量。龙飞等制备了高抗冲聚苯乙烯（HIPS）/蒙脱土（MMT）纳米复合材料，与只含单独阻燃体系的复合材料相比，其 HRR 峰值（PHRR）进一步降低，燃烧级别达到 V0 级，燃烧后残炭量明显增加。

Zhu 和 Wilkie 通过原位聚合方法合成了聚苯乙烯/蒙脱土复合材料，热失重分析（TGA）显示含有 0.1%的改性蒙脱土试样，失重 10%时的温度比纯聚苯乙烯高出 44 ℃，最大失重温度高出 12 ℃，成炭率约为 1%。Gilman 等用熔融共混法制备的聚苯乙烯/蒙脱土复合材料的 HRR 峰值比 Zhu 和 Wilkie 的样品稍高，这是由于 Gilman 制备的复合材料中含有层离蒙脱土的原因。

无论是热塑性塑料或热固性塑料，无论是纳米杂化材料还是层离结构或插层结构，这种聚合物/蒙脱土纳米材料燃烧之后剩余的残渣都有着相同的结构，X 射线衍射（XRD）分析说明，剩余炭层为插层结构，层间距约为 1.3 nm。但是只用蒙脱土纳米材料还不能满足阻燃材料性能的要求，必须与其他阻燃剂复配应用。如 Bourbigot 等人将少量尼龙 6/黏土纳米复合材料作为一个协效阻燃剂，其具有促进成炭作用，可用于 APP/EVA 体系，同时提高了 EVA 的阻燃性能和机械力学性能，以满足阻燃的要求。

20 世纪 90 年代，碳纳米碳管（CNTs）问世以来，其独特的结构和性能在科学领域掀起了一个又一个的研究热潮，已被广泛应用于聚合物材料改性中。TGA 测试显示，

CNTs 可以阻止聚合物降解。在聚乙烯醇（PVOH）体系中，添加 20% 的 CNTs 可以使聚合物的分解温度向更高温度方向转移。EVA/CNTs 复合材料具有很好的阻燃性能，热释放速率显著降低，且燃烧过程中形成焦化炭层结构，这都有利于材料阻燃性能的提高。Kashiwagi 等人也对 CNTs 填充 PP 体系阻燃性能进行了系统研究。然而，对于 CNTs 一个最为突出的问题在于其价格较高，限制了在实际中的应用范围。目前，多壁 CNTs 的价格在 5 000 元/kg 以上，单壁 CNTs 则高达 15 万元/kg 以上。因此，如何降低 CNTs 的使用成本，将会是今后长时间内一个迫切需要解决的现实问题，以拓展 CNTs 在聚合物中的应用领域。

1.4 PBT 材料

聚对苯二甲酸丁二醇酯（Polybutylene Terephthalate，PBT）是一种结晶、线型饱和热塑性聚酯树脂，具有耐化学腐蚀，玻璃化温度低，良好的电学性能、绝缘性能、低摩擦性等诸多优点，且加工成型容易，应用范围涉及纺织、电子通信、汽车配件、建筑材料、精密仪器，以及电线电缆护套材料等领域。PBT 是由德国人 P. Schlack 在 1942 年首次研制出来的，随后被美国 Celanese 公司、GE 公司、GAF 公司等实现工业化生产。在最初阶段，制备 PBT 的原料之一——对苯二甲酸（PTA）的纯度不够高，副反应多，极大地提高了生产成本，因此只能进行小规模生产。随着 PTA 生产技术的改进，能够生产出高纯度的 PTA，降低了生产成本，大多数厂商愿意使用 PTA 方法来制备 PBT。当今生产 PBT 树脂主要有两种生产工艺方法，包括酯交换法（DMT 法）与直接酯化法（PTA 法），现在主要使用 PTA 法。DMT 工艺可分为间歇法和连续法两种，主要包括酯化和缩聚两种基本化学反应。首先 1，4-丁二醇（BD）和对苯二甲酸二甲酯（DMT）在 160 ℃ 至 230 ℃ 温度酯化反应生成对苯二甲酸双羟丁酯（BHBT）、四氢呋喃（THF）、甲醇（MA），酯化反应得到的 BHBT 在 230 ℃ 至 250 ℃ 温度经缩聚反应生成 PBT 和 BD，其中，BD 脱水生成 THF。缩聚反应为可逆反应，为了加快反应，生成更多的 PBT，就需要及时处理 BD。PTA 法也主要包括酯化和缩聚两种基本化学反应，是由对苯二甲酸（PTA）和 BD 在 240 ℃ 温度酯化生成 BHBT 和水，单体 BHBT 经聚合反应生成 PBT，同时脱出 BD，紧接着 BD 脱水环化而生成副产物 THF。在制备 PBT 的过程中，主要用到的催化剂有锑系、钛系、锡系、铝系和锗系等，其主要代表为三氧化二锑体系、二氧化钛、辛酸亚锡、三甲基铝、四丁氧基锗等。

PBT 自 1970 年投产以来，成为继聚苯醚（PPO）、聚甲醛（POM）、聚酰胺（PA）和聚碳酸酯（PC）之后的通用工程塑料，其工业化最晚，然而发展最快。我国 PBT 产量也从 2006 年的 3 万吨快速增加到 2011 年的 19.8 万吨，但仍不能满足国内消费量，在 2011 年还需国外进口，进口量达 15.4 万吨。随着我国 PBT 生产技术的改进，截至

2015 年年底，世界 PBT 树脂产能为 184 万吨/年，产量为 101 万吨。我国 PBT 树脂总产能达到 90 万吨/年，出口量达 52.8 万吨。但由于纯 PBT 本身主要是由 H、O、C 等助燃性元素组成的，致使其阻燃性能差，很容易被点燃，产生连续的熔滴。为了改善纯 PBT 的性能缺陷，众多生产厂商和研究人员对纯 PBT 进行了改性研究，如杜邦公司的改性聚醚酯 Hytrel、三菱工程塑料公司的超阻燃 PBT 树脂、德国巴斯夫的玻纤增强 PBT/丙烯腈-苯乙烯-丙烯酸酯塑料（ASA）等。PBT 与丙烯腈-丁二烯-苯乙烯（ABS）均匀分散，显著提高了低温时 PBT 的冲击强度，降低了脆韧转变温度；PBT 与聚碳酸酯（PC）均匀分散，综合两者的性能优势，既克服了 PC 熔体黏度高、加工性差等缺点，又弥补了 PBT 缺口冲击强度不高、耐热性能不好等特性。

PBT 是由 BD 和 PTA 经过酯化和缩聚反应而生产的结晶型热塑性聚酯类材料，其经混炼制成后，表面有光泽，颜色为乳白色半透明到透明。结晶型的 PBT 聚酯密度为 $1.31 \sim 1.55\ g/cm^3$，熔融温度为 $225 \sim 230\ ℃$，玻璃化温度与结晶温度分别为 $54\ ℃$ 和 $184\ ℃$，相对分子质量为 30 000 ~ 40 000。其分子链由极性的酯基、刚性的苯基和柔性的脂肪烃基构成。PBT 的大分子链为线性结构，因此有一定的柔顺性，又有刚性。在 PBT 结构单元中有四个非极性亚甲基，其结构对称，酯基和苯基间形成了 1 个共轭体系，增强了分子间作用力，使其易紧密堆砌，具有高度的结晶性。PBT 分子结构式如下所示。

PBT 吸水性较低，吸水率仅为 0.07%，但在加工过程中，酯基易受到水气的影响，使其水解反应，分子链遭到破坏，降低聚合作用，因此成型加工前一般要以 120 ℃ 温度干燥 3 ~ 5 h，使含水率小于 0.02%；阻隔性能较好，对二氧化碳、氧气等都有较高的阻隔作用；具有很好的加工流动性，而且黏度随剪切速率的增加而明显下降；PBT 在不同方向上的成型收缩率差别较大，并且其成型收缩率与制品的成型条件、几何形状、储存温度及储存时间有关。PBT 具体的热性能、耐候性、电学性能、力学性能、耐化学药品性、阻燃性能等如下：

（1）热性能。其熔融温度为 225 ~ 230 ℃，短期使用温度为 200 ℃，长期使用温度为 120 ℃，长时间高载荷的条件下形变量不明显。在 1.85 MPa 应力下，PBT 的热扭变形温度为 54.4 ℃，用添加玻璃纤维对其改性后，其热变形温度可达到 220 ~ 240 ℃，明显改善了 PBT 的短时耐热性，且增强后的 PBT 的线胀系数在热塑性工程塑料中是最小的，在 1.85 MPa 应力下，PBT 的热扭变形温度为 210 ℃。

（2）耐候性。在室外暴露 6 年，其力学性能仍能保持初始状态的 80%。

（3）电学性能。虽然 PBT 含有极性的酯基，但由于酯基分布密度不高，所以仍具有良好的电绝缘性。其电绝缘性受温度和湿度的影响小，即使在潮湿、高频及恶劣的环境中，仍具有良好的电绝缘性。未改性的 PBT 介电常数为 3.1～3.3 F/m，增强后其介电常数增加值为 0.2～0.5 F/m。

（4）力学性能。没有改性的 PBT 力学性能一般，但改性后其力学性能大幅提高，通过添加玻璃纤维改性，PBT 的拉伸强度从 55 MPa 增加到 119.5 MPa，拉伸模量从 2 200 MPa 增加到 9 800 MPa，其缺口冲击强度能够从 60 J/m 增加到 100 J/m，并且其弯曲强度和屈服强度都有明显提高。

（5）耐化学药品性。PBT 对有机溶剂具有很好的耐应力开裂性，能够耐醇类、弱酸、弱碱、盐类、高分子量酯类、脂肪烃类，但不耐强碱、强酸以及苯酚类化学试剂。在热水中，PBT 可引起水解而使其力学性能下降；在芳烃、乙酸乙酯、二氯乙烷中，PBT 会发生溶胀现象。

（6）阻燃性能。PBT 阻燃性能不好，只能达到 UL94HR 级，属于易燃或者可燃材料。在具备火源、空气的条件下，PBT 就能够被点燃，持续产生大量黑烟、连续的熔滴，给广泛应用 PBT 的行业带来潜在的火灾威胁。因此，提高 PBT 的阻燃性能，把易燃 PBT 材料变为不燃或者离火自熄的 PBT 阻燃材料，能够给人们的生命及安全带来保障，消除因阻燃性能不好而引起的火灾威胁。因此，需要添加一定的阻燃剂，来提高 PBT 复合材料的阻燃性能。

1.5　PBT 阻燃性

PBT 由于自身的聚合物属性，其在空气中很容易被点燃，难以自身组分成炭；点燃后的 PBT，产生连续的带火高温熔滴，增加了引燃其他可燃物的概率。然而随着 PBT 聚酯类材料在生活中的广泛运用，提高 PBT 材料阻燃性能，阻止或延缓 PBT 材料的燃烧，在实际火灾中对保护人们的生命财产安全起着极大的作用。

高效阻燃性的含卤阻燃剂因环保问题而受到限制后，环保型阻燃剂在 PBT 材料中运用逐渐增多。研发人员也投入了更多的精力到环保型阻燃剂研究中。添加到 PBT 中的环保型阻燃剂主要包括金属氢氧化物[$Mg(OH)_2$、$Al(OH)_3$]、纳米复配阻燃剂、磷-氮系阻燃剂、膨胀型阻燃剂等。经过纳米处理后的 $Al(OH)_3$，添加到 PBT 的量更少，其拉伸强度比未添加前提升了 9.19%，LOI 也从 21.5% 提升到了 28.5%。郎柳春、李建军等人通过在 PBT 中添加磷-氮系阻燃剂，使 PBT 阻燃复合材料的热稳定性、阻燃性明显提高，其 LOI 值从 21.8% 升高到了 37.9%；纳米黏土与次磷酸铝协同阻燃玻纤加强了 PBT 的阻燃性能及弹性模量，热释放量减少了 51%。目前，虽然在 PBT 无卤阻燃剂研究上取得了许多成绩，但现在主要无卤 PBT 阻燃方式还是通过大量添加阻燃剂的方式进行生产，怎样既减少阻燃剂添加，又不使其力学性能损害得不严重，通过复配的添加方式是一个研究方向。

1.6 常见阻燃剂分布形式

阻燃剂的分布形式是多种多样的，但与聚合物均匀混合，是最常见的；另外还有层状分布、浓度梯度分布等，这些分布形式用在讨论阻燃剂的阻燃性能上还比较少见。均匀混合是加工难度及成本最小的一种分布形式，但为了提高材料的阻燃性能，一般需要填充大量的阻燃剂，大量的阻燃剂添加到聚合物中，不仅使阻燃成本升高，而且最主要的是由于添加在聚合物中的阻燃剂与聚合物本身的不相容，造成聚合物本身极好的力学性能及加工性能变差。因此如何降低阻燃剂的填充，提高阻燃剂在聚合物中的阻燃效率，兼具良好的力学性能，对高分子阻燃材料的运用和开发是极具意义的。在现阶段，阻燃剂发展方向主要集中在如何优化阻燃剂组分及在聚合物分子链中镶嵌阻燃链段，但通过构筑不同的阻燃剂分布形态，也是一种提高阻燃效率的方法。

1.7 添加物形态对聚合物性能的影响

在热反应之前，添加物与聚合物基底不会发生反应。添加物自身的微观形状，大多数是球形的，另外一些主要以片状、纤维状为主。有机蒙脱土（OMMT，层状硅酸盐）与 $Al(OH)_3$ 添加到可生物降解的聚乳酸（PLA）中，在均匀分散过程中，OMMT 层状在 $PLA/Al(OH)_3$ 均匀分散物中呈分散剥离状态，在燃烧过程时，有助于充分发挥 OMMT 和 $Al(OH)_3$ 的协助阻燃特性，形成热稳定性强的隔热炭层。与传统的大量添加 $Al(OH)_3$ 的 $PLA/Al(OH)_3$ 复合材料相比，$PLA/Al(OH)_3/OMMT$ 复合材料的热稳定性更好，熔滴减少，韧性提高。除了添加物微观形状（层状）对聚合物有性能方面的影响外，通过调控填充物在聚合物基底的分布，使添加物、聚合物均匀分散物与聚合物基底形成层状，给复合材料带来了化学性能与物理性能的提升。Baoshu Chen 等人通过多层共挤出技术，制备出了多层纯 PP 与 PP/IFR 交替复合材料，随着交替层的增加，多层 PP/IFR 复合材料趋近于均匀分散，但有着比均匀分散更佳的力学性能，层状结构有利于阻止因阻燃剂无规则分布引起的银纹扩散，而大量的银纹能导致复合材料力学性能下降。Shuangxi Xu 等人研究了多层 PP 层与 PP/炭黑（CB）层交替复合材料，发现随着层数的逐渐增加，体积电阻率更高，另外还存在低渗流阈值等特点。张君君等人通过层状热复合技术，发现阻燃剂浓度梯度分布，提高了 IFR 对 EVA 的阻燃性能，节约了 2%~4%的阻燃剂，同时提升了 EVA/IFR 阻燃材料的力学性能。纤维状的玻纤填充到 PP 树脂中，有助于改善 PP 树脂的力学性能，复合物的厚度越厚，其玻纤分层层数就越多，当纤维数量多而且方向一致，有利于增强 PP 复合材料在纤维方向的弹性模量。危学兵等人研究了长玻纤对聚甲醛复合材料的增强作用，随着长玻纤添加量的增加，复合材料的储能模量及力学性能都有显著改善。添加物的形态及分布对复合材料的阻燃性能、导电性能及力学性能的影响提供理论依据，如何构筑有利于提升复合材料综合性能的添加物形态，具有实用价值和意义。

1.8 课程意义和内容

1.8.1 课程意义

PBT 广泛应用于各行各业，在燃烧过程中，阻止或者延缓其燃烧，具有重要意义。提高 PBT 的阻燃性能，一般采用的方法是添加具有阻燃性能的有机物或无机物。但要使 PBT 提高阻燃等级，达到相应的阻燃效果，在 PBT 阻燃复合材料中一般会填充大量的阻燃剂。但大量添加阻燃剂会大幅度提高制品成本，使其加工性能变差，从而使其难以商业化应用，因此为了最大限度地发挥阻燃剂的阻燃效率，可通过构筑和调控阻燃剂不同的分布形态来减少聚合物阻燃剂的添加量，同时，使阻燃复合材料综合性能得到优化，是非常具有价值的，这也将为制备高阻燃复合材料提供理论依据。

均匀分散阻燃剂与聚合物，是现在广泛采用的一种加工方式。均匀分散成型后的阻燃聚合物试样，阻燃剂从试样表面到内部均匀分布。试样着火后，试样表面最先接触热源的，在试样表面因受高温分解后，热量由表面传递到试样内部，再加上试样表面聚合物分解后，燃烧助剂（氧气）接触试样内部，当具有了燃烧的三大要素后，试样内部才开始燃烧。从燃烧由表到内的特性来看，在刚开始燃烧时，只有阻燃复合材料表面的阻燃剂起到阻燃作用，复合材料内部的阻燃剂未发挥阻燃作用，另外，复合材料表面受到破坏后，表面材料燃烧也增加了热源热量，使复合材料内部燃烧更加容易。在均匀分散的阻燃材料的概念里，为了使复合材料达到相应的阻燃性能，常常采用简单增加阻燃剂的填充量，使材料整体的阻燃剂密度增加，但这容易导致复合材料其他性能降低。目前，在同种阻燃剂的条件下，为了减少由于阻燃剂填充量过高而引起力学性能损失，主要采用的是如何使阻燃剂在聚合物中均匀分布。但鲜有通过调控阻燃剂分布来改善复合材料的力学性能。但合理地调控阻燃剂的分布，形成特定的分布形态，有利于改善复合材料的力学性能。因此，本书通过构筑或调控阻燃剂在聚合物基体中的分布，来使阻燃剂在聚合物中分布高于内部或者有规律的层状分布、浓度梯度分布、海岛分布，最终达到减少阻燃剂填充量且保持复合材料良好的力学性能的作用。

为了达到良好的阻燃性能，构筑合理的阻燃剂分布是必要的。课程通过在制备阻燃材料过程中，有效地调控阻燃剂分布到阻燃剂有能力保护范围的距离（D_c），由此达到阻燃剂的最佳利用率。当层厚大于 D_c 时，阻燃剂不能对材料形成阻燃作用；当层厚

小于 D_c 时，阻燃剂完全能使材料达到相应的阻燃效率，但阻燃剂使用量的增加，增加了成本并导致了阻燃材料本身其他性能的恶化。如图 1.3 所示，层状分布阻燃材料是由含 $A\%$ 的阻燃层与含 $B\%$ 的阻燃层交替的结构，也可以由层状结构构筑成阻燃剂的浓度梯度分布。其中，根据测试需要可以调控阻燃材料层数、层厚及各层阻燃剂含量。整合层数、层厚及各层阻燃剂含量对整个阻燃体系的阻燃和力学性能数据，分析各变量对阻燃体系的具体作用情况，最终调控出具备综合性能较好的阻燃复合材料。

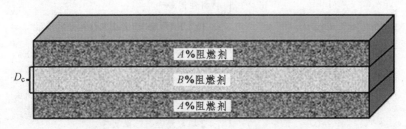

图 1.3　层状阻燃复合材料示意图（$A \geqslant B$）

　　如图 1.4 所示，海岛状阻燃复合材料是由含 $A\%$ 的阻燃剂的复合材料与含 $B\%$ 的阻燃剂的复合材料均匀分散制备出来的。通过示意图可以清晰地显示出，含 $A\%$ 的阻燃剂复合材料在含 $B\%$ 的阻燃剂复合材料中形成了海岛结构，调控每种阻燃聚合物在整个阻燃体系中的质量分数，由此来改变海岛状的 $A\%$ 阻燃剂复合材料在整个阻燃体系的分布密度。另外一种调控方式：保持每种阻燃复合材料在整个阻燃体系的质量分数不变，调控每种阻燃聚合物中阻燃剂的含量，进而达到调控整个阻燃体系中阻燃剂的分布。

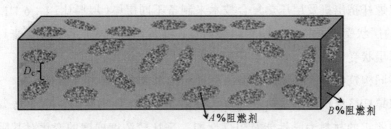

图 1.4　海岛状阻燃复合材料示意图（$A \geqslant B$）

　　为了制备出几种特殊的阻燃剂分布形态，本书采用层压热复合技术及双螺杆挤出技术结合，来制备出相应设计模型。层状、浓度梯度及海岛结构的阻燃复合材料不仅能够给高分子材料阻燃相关方法提供几种理论结构模型，也能够为制备综合性能较好的低阻燃剂的阻燃复合材料提供方法。

1.8.2　课程内容

　　课程内容主要包括四个方向：均匀分散结构、层状结构、浓度梯度结构、海岛结构。具体方案如图 1.5 所示，具体内容如下：

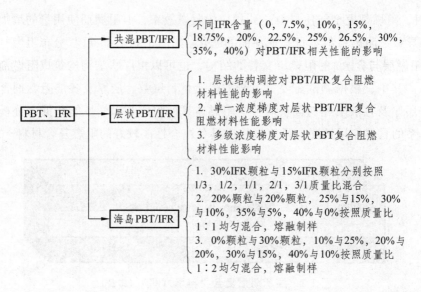

图 1.5　具体方案

（1）均匀分散 PBT/IFR 阻燃复合材料相关性能。

利用双螺杆挤出机，制备均匀分散的 PBT/IFR 阻燃复合材料，通过改变 IFR 的填充量，进而得出 IFR 的填充量对均匀分散的 PBT/IFR 阻燃复合材料阻燃性能和力学性能的影响。

（2）层状受限结构对 PBT/IFR 复合阻燃材料阻燃性能及力学性能。

利用双螺杆挤出机及层压热复合技术来制备不同层厚（层厚比：1：6：1、1：2：1、3：2：3）的层状受限 PBT/IFR 复合阻燃材料，通过调控阻燃层厚大小，来讨论层状结构及层厚对层状受限 PBT/IFR 复合阻燃材料阻燃性能的影响。

（3）不同构筑的浓度梯度膨胀型阻燃剂结构对复合材料相关性能。

利用双螺杆挤出机及层压热复合技术来制备不同浓度梯度的 PBT/IFR 复合阻燃材料，并通过测定的材料力学性能及阻燃性能，来比较浓度梯度的变化对其阻燃性能的影响，提出了最佳的阻燃梯度结构模型。

（4）海岛状膨胀型阻燃剂调控受限结构对 PBT/IFR 材料阻燃性能的影响。

利用双螺杆挤出机来制备不同 IFR 含量但颗粒大小一致的阻燃 PBT 颗粒，然后，按照一定比例均匀混合不同 IFR 含量的阻燃 PBT 颗粒，最终通过平板硫化技术制备出海岛结构 PBT/IFR 复合阻燃材料。通过改变混合阻燃 PBT 颗粒的 IFR 含量，进而实现改变海岛结构的 IFR 浓度差，确定其对海岛结构 PBT/IFR 复合阻燃材料的相关性能影响。

1.8.3　课程路线

课程通过构筑均匀分散、层状以及海岛结构的 IFR，制备出相应的 PBT/IFR 阻燃复合材料，试样性能测试主要包括阻燃性能测试、力学性能测试、相关性能表征三方面，具体如图 1.6 所示。

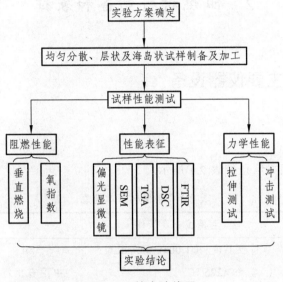

图 1.6　技术路线图

1.9　课程知识点

（1）利用 IFR 在层状 PBT 复合材料的浓度梯度分布，介绍了层厚、单级浓度梯度以及多级浓度梯度对 PBT 复合材料的阻燃性能、力学性能以及热稳定性能的影响，为在 IFR 低添加量下，制备高阻燃性能的层状 PBT 复合材料提供了理论依据。

（2）利用 IFR 在海岛状 PBT 复合材料的浓度梯度分布，首次讨论了多种海岛形态的调控对 PBT 复合材料的阻燃性能、力学性能以及热稳定性能的影响，为制备 IFR 低添加量高阻燃性能的 PBT 复合材料提供了一种新的途径。

（3）系统地介绍了均匀分散形态、层状以及海岛分布对 PBT 复合材料的阻燃性能、力学性能以及热稳定性能的影响，为进一步调控及优化 IFR 在 PBT 复合材料中的分布形态提供了参考。

2 阻燃材料制备和表征

2.1 原材料和主要仪器设备

2.1.1 原材料

所用的原材料相关信息如表 2.1 所示。

表 2.1 原材料基本信息

原材料	型号	主要成分及性能	制造商
PBT	XW-321	特性黏度：（1.00±0.02）dL/g； 熔点≥225 ℃； 密度：1.30~1.32 g/cm^3； 熔融指数：23~28 g/10min	中国石化集团资产经营管理有限公司仪征分公司
IFR	Doher-8315	白色粉末，ω_P≥16%，ω_N≥24%； 分解温度≥300 ℃； 白度≥95%，水分≤0.3%	广州东莞市道尔化工有限公司
液状石蜡	15#	无色透明液体； 密度：0.877 g/mL	上海微谱化工技术服务有限公司

2.1.2 主要仪器设备

使用主要仪器与设备如表 2.2 所示。

表 2.2 主要仪器设备

仪器设备名称	型号	制造商
同向双螺杆挤出机①	TSE-30A	南京瑞亚弗斯特高聚物装备有限公司
切粒机	JD1A-40	南京调速电机股份有限公司
平板硫化机	XLB	中国青岛亚东橡机有限公司青岛第三橡胶机械厂
万能制样机	HWN-15	吉林省华洋仪器设备有限公司
电热恒温鼓风干燥箱	DB-21080	成都天宇实验设备有限责任公司
水平垂直燃烧仪	CZF-3	南京市江宁区分析仪器厂

仪器设备名称	型号	制造商
氧指数测试仪	JF-3	南京市江宁区分析仪器厂
热失重分析仪（TGA）	TA-209F1	NETZSCH，德国
高铁数位冲击试验机	QT-7045-MDL	高铁检测仪器有限公司
缺口制样机	QKD-V	承德精密试验机有限公司
微机控制电子万能试验机	CMT6104	深圳市新三思计量技术有限公司
扫描显微镜	TCS SP2	LEICA，德国
偏光显微镜（PLM）	12POLS	LEICA，德国
超薄切片机	YD-2508B 转轮式	浙江省金华市益迪医疗设备厂
差示扫描量热仪测试（DSC）	DSC 200 F3	NETZSCH，德国
红外光谱分析	Nicolet 560 型	Thermo Electron Corp，美国

注：同向双螺杆挤出机螺杆公称直径：D=30 mm；螺杆长径比：L/D=40；螺杆转速：50～500 r/min。

2.2　IFR 不同形态分布的 PBT/IFR 阻燃复合材料制备

2.2.1　均匀分散 PBT/IFR 阻燃复合材料制备

IFR 与 PBT 在设定温度为 80 ℃ 的电热恒温鼓风干燥箱中，分别干燥 10 h，然后将 IFR 和 PBT 按照不同比例均匀混合（0%，7.5%，10%，15%，18.75%，20%，22.5%，25%，26.5%，30%，35%，40%PBT/IFR），期间加入一定量的液状石蜡，有助于 IFR 与 PBT 充分混合均匀。然后，均匀混合的 PBT/IFR 颗粉体在同向双螺杆挤出机中进行挤出细条状复合材料，牵引到切粒机切割成颗粒，这期间调整挤出机与切粒机的参数，使其切出颗粒大小均匀。根据阻燃剂及 PBT 树脂加工工艺，来设置同向双螺杆挤出机的温度设定，具体参数如表 2.3 所示。在 80 ℃ 设定温度下干燥 10 h 之后，通过平板硫化机，熔融成型。其工艺流程如图 2.1 所示。

表 2.3　挤出机温度设置温度

温区	物料	机头	VIII	VII	VI	V	IV	IX	III	II	I
温度/℃	220	235	245	245	245	235	235	245	230	220	190

图 2.1　均匀分散 PBT/IFR 阻燃复合材料的工艺流程

2.2.2　层状 PBT/IFR 阻燃复合材料制备

按照图 2.1 所示的工艺流程制备均匀分散的 PBT/IFR 阻燃母粒，不同 IFR 含量的 PBT/IFR 阻燃颗粒在平板硫化机上，制成相应 IFR 含量的 PBT/IFR 复合材料板材。平板硫化机的设定压力为 10 MPa，三块加温板的设置温度为 245 ℃，根据不同的层状材料，排气次数为 5 ~ 12 次，保压时间在 1 ~ 2 min，在室温下冷压，冷压 8 ~ 10 min。制备后的 PBT/IFR 复合材料板材，在相同条件下，在平板硫化机上进行不同的叠合加压，制备出相同厚度但不同浓度梯度的层状 PBT/IFR 复合材料。层状 PBT/IFR 阻燃复合材料的制备工艺流程如图 2.2 所示。

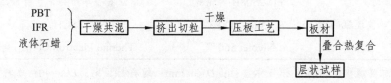

图 2.2　层状 PBT/IFR 阻燃复合材料的工艺流程

2.2.3　海岛状 PBT/IFR 阻燃复合材料制备

根据图 2.1 所示工艺流程制备均匀分散的 PBT/IFR 阻燃颗粒，然后把制备好的颗粒放在电热恒温鼓风干燥箱以 80 ℃ 干燥 2 h。如图 2.3 所示，为了制备不同的海岛结构，根据需要按照不同的质量分数比混合不同的 PBT/IFR 阻燃颗粒 A，B。充分均匀分散后的 PBT/IFR 阻燃颗粒 A 与 B，经过平板硫化制得不同的海岛结构 PBT/IFR 阻燃材料样条。

图 2.3　海岛状 PBT/IFR 阻燃复合材料的工艺流程

2.3　表征及测试

2.3.1　红外光谱分析（FTIR）

采用红外光谱分析（Nicolet 560，Thermo Electron Corp，美国）对样品进行结构分析，对炭层粉末采用溴化钾混合压片方式测试，对薄板样品采用衰减全反射（ATR）测定。测量的范围为 400 ~ 4 000 cm^{-1}，分辨率为 2 cm^{-1}。

2.3.2　偏光显微镜（PLM）

偏光显微镜（12POLS，LEICA，德国）是通过将普通光改变为偏振光，根据晶体具有双折射性的基本属性，用 PLM 来鉴别高分子材料的结晶情况。使用超薄切片机（YD-2508B 转轮式，中国浙江省金华市益迪医疗设备厂）来制备 PLM 样品，样品的厚薄可以使用超薄切片机来调节。

2.3.3　扫描显微镜分析（SEM）

燃烧炭层分析：经过极限氧指数测试后，试样形成炭层，对炭层的内外表面进行微观观察，主要观察炭层形成的致密性。

脆断界面分析：在试样表面用小刀刻一条直线，然后将试样在液氮中放置 1 min，然后沿着刻线迅速脆断试样。采用 TCS SP2 型（德国）扫描电子显微镜观察经真空喷金后的脆断界面，主要观察阻燃剂特殊结构形成的效果。

2.3.4　垂直燃烧测试（UL-94）

垂直燃烧测试是采用水平垂直燃烧仪（CZF-3，南京市江宁区分析仪器厂，中国），参照 UL94—2010 标准，测试所使用的试样尺寸长×宽×厚为 128 mm×13 mm×4 mm，每组试样需要 5 根样条。

试样测试过程：用坩埚钳夹住试样上端 6 mm 处，试样方向朝下，离试样下端 300 mm 处放置表面积为 50 mm×50 mm 的脱脂棉。点火火焰高度在 20 mm，燃烧试样时，火焰中心应置于试样下端中心处，燃具到试样下端的距离为 10 mm，设置的每次点火时间为 10 s，在燃烧过程中尽量调整试样处于以上所述的空间位置。在每次点火 10 s 后，以 300 mm/min 的速度移开燃具，其离试样距离至少 150 mm，共点火两次，每次点火后，记录试样余焰时间为 t，在第一次点火后，试样余焰熄灭后，记录试样余焰时间为 t_1，立即点火第二次，燃烧 10 s 后，移开燃具，记录试样余焰时间 t_2 和余燃时间 t_3。用小片棉花接触来判别余焰和余燃，余燃不能点燃小片棉花，余焰则能。

材料的阻燃标准：UL-94 标准分为 V0，V1，V2 三个等级，具体判别标准如表 2.4 所示。

表 2.4　UL-94 火焰等级的评定

	V0	V1	V2
单个样品的 t_1、t_2	≤10 s	≤30 s	≤30 s
所有样品的 t_1+t_2	≤50 s	≤250 s	≤250 s

	V0	V1	V2
单个样品的 t_2+t_3	≤30 s	≤60 s	≤60 s
燃尽	No	No	No
点燃脱脂棉	No	No	Yes

2.3.5 极限氧指数测试（LOI）

采用氧指数测试仪（JF-3，南京市江宁区分析仪器厂）来测量 LOI，参考 GB/T 2406.2—2009 标准，测试所使用的试样尺寸长×宽×厚为 128 mm×10 mm×4 mm，每组试样需要 10 根样条。氧指数表示试样在 O_2、N_2 混合气流中，支持试样燃烧的最低氧气浓度。LOI 值的大小表示了材料燃烧的难易程度。LOI 值越小，材料越容易燃烧；反之，LOI 值越大，材料越难燃烧。其用公式表示如下：

$$LOI = \frac{\varphi(O_2)}{\varphi(O_2)+\varphi(N_2)}\times100\%$$

其中 $\varphi(O_2)$、$\varphi(N_2)$ 分别为 O_2、N_2 均匀共混气体中氧气及氮气的体积分数。

2.3.6 拉伸测试

通过万能制样机（HWN-15，吉林省华洋仪器设备有限公司）按照标准尺寸制备拉伸试样，采用微机控制电子万能试验机（CMT6104，深圳市新三思计量技术有限公司），参照 GB/T 1040—2006 标准，以 20 mm/min 的拉伸速率，测试试样断裂伸长率及拉伸强度，每组有 5 根样条，其结果取平均值。

2.3.7 冲击测试

通过高铁数位冲击试验机（QT-7045-MDL，高铁检测仪器有限公司）及缺口制样机（QKD-V，承德精密试验机有限公司）按照标准尺寸制备冲击试样，参照 GB 1043—2008 标准测试，每组有 5 根样条，其结果取平均值。

2.3.8 差示扫描量热仪测试（DSC）

取 8～10 mg 样品，采用 DSC 200 F_3 型差示扫描量热仪（NETZSCH，德国）来对样品进行非等温结晶测试。其条件：在 250 ℃ 恒温 3 min 后以 10 ℃/min 降温至 70 ℃，观察样品的结晶曲线。

2.3.9　热失重测试（TG）

采用 TA-209F1 型热失重分析仪来分析材料的热分解温度、热稳定性及随着温度的变化试样质量的损失情况，仪器在氮气的氛围下，在铝坩埚里放入 3～8 mg 试样，温度以 10 ℃/min 的加热速率，从 30 ℃ 加热到 700 ℃。

3 均匀分散 PBT/IFR 阻燃复合材料

3.1 均匀分散结构概述

阻燃剂均匀分散是人们普遍所希望达到的分布形态。Samyn 指出阻燃纳米复合材料的性能依靠于阻燃纳米粒子的分布情况，同种阻燃剂在不同聚合物中分布均匀程度不一样。随着阻燃剂添加量的增加，PBT/IFR 阻燃复合材料的阻燃性能逐渐提高，但力学性能逐渐恶化，其原因在于少量的 IFR 易均匀分布在聚合物基体，IFR 添加量越大，越不容易均匀分布于聚合物基体，越容易发生团聚现象，进而导致力学性能变差。

本书在 PBT 基体中添加不同比例的 IFR，利用极限氧指数、SEM 以及 TGA 等测试方法，介绍了不同比例的 IFR 对 PBT/IFR 复合材料的阻燃性能、力学性能、热性能的影响。

3.2 均匀分散结构调控

3.2.1 极限氧指数（LOI）测试

通过极限氧指数及垂直燃烧测试协作来分析均匀分散阻燃材料的阻燃性能，再结合 SEM 对其形成的残余作进一步微观分析。一般情况下，聚合物的 LOI 值小于 22%，其属于易燃聚合物。纯 PBT 的 LOI 等于 21.5%，其易于燃烧，燃烧时产生连续的熔滴，燃烧后难于成炭。添加阻燃剂是提高纯 PBT 阻燃性能最直接的方式。通过添加 7.5%，10%，15%，18.75%，20%，22.5%，25%，26.25%，30%，35% 及 40% 的 IFR，来改善纯 PBT 树脂的阻燃性能。如图 3.1 所示，均匀分散 PBT/IFR 阻燃复合材料的 LOI 值随着 IFR 含量的变化而变化。当添加 7.5% 的 IFR 时，LOI 值仅仅增加 0.2%，说明此时的 IFR 含量几乎对 PBT 树脂不产生阻燃影响。随着阻燃剂含量的增加，IFR 对 PBT 树脂的阻燃效果越来越好，PBT/IFR（10%）的 LOI 值从 22% 增加到了 PBT/IFR（40%）时的 27.1%，显著提高了 PBT 复合材料的 LOI 值。从图中可以发现，随着阻燃剂含量的增加，均匀分散 PBT/IFR 阻燃复合材料的极限氧指数呈上升趋势，添加 0～15% 的 IFR 的极限氧指数上升比较平缓，添加 0～20% 的 IFR 的 LOI 值的上升幅度明显小于添加 20%～40% 的 IFR 的 LOI 值的上升幅度，说明在添加 20%IFR 以后，IFR 逐渐能够利用自身填充量分布形成有效阻燃网络，阻燃网络有效地阻隔了 PBT/IFR 复合材料进一步燃烧，进而提升了 PBT/IFR 复合材料的极限氧指数。

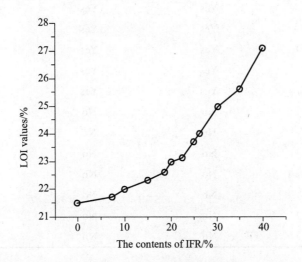

图 3.1　均匀分散 PBT/IFR 阻燃复合材料的 LOI 值

3.2.2　UL-94 垂直燃烧测试

如表 3.1 所示，随着 IFR 添加量的增加，均匀分散 PBT/IFR 阻燃复合材料的 UL94 等级，从没有等级增加到 V0 等级。纯 PBT 在点火 10 s 后，迅速燃烧，产生大量熔滴，熔滴引燃燃烧源下方的脱脂棉，试样持续燃烧直至被完全燃烧完，说明纯 PBT 没有阻燃性，PBT 熔滴能引燃脱脂棉。其主要原因是熔滴里还有未燃尽的可燃物质在燃烧。当添加 7.5% 的 IFR 到 PBT 树脂中，虽然还是被燃烧殆尽，但其燃烧速度有所下降，产生熔滴时间变慢，这是由于少量的 IFR 分散在 PBT 中，燃烧时其受热分解吸热，在一定程度上降低了 PBT/IFR（7.5%）阻燃复合材料的燃烧温度，IFR 降解后形成的非均相物质，未形成完整凝聚相，不能进一步阻止复合材料燃烧，但分散在熔融 PBT 中的非均相物质延缓了 PBT 的流延速度，增加了熔滴的滴落时间。当 IFR 添加量增加到 18.75% 时，熔滴速度更慢，熔滴更大，熔滴里含有炭层，说明炭层在试样燃烧时已经形成，但不够完整致密，不能完全阻止 PBT 流延，熔滴滴落带走炭层，使燃烧的材料内部又进一步暴露在燃烧环境中，材料继续燃烧。当 IFR 添加量增加到 20% 时，燃烧时产生的炭层已经能够阻止材料产生熔滴，燃烧时间较短，t_1/t_2 等于 0.38，其 UL94 等级到达 V1。PBT/IFR（22.5%）阻燃复合材料每次燃烧时间很短，UL94 等级到达 V0。继续增加 IFR 添加量，点火时，IFR 分布密度已经能够阻止复合材料燃烧，离火即熄。

表 3.1　均匀分散 PBT/IFR 阻燃复合材料的垂直燃烧测试结果

试样	熔滴	点燃脱脂棉	UL94 等级
纯 PBT	Yes	Yes	NR
PBT/IFR（7.5%）	Yes	Yes	NR
PBT/IFR（10%）	Yes	Yes	NR
PBT/IFR（15%）	Yes	Yes	NR
PBT/IFR（18.75%）	Yes	Yes	NR
PBT/IFR（20%）	No	No	V1
PBT/IFR（22.5%）	No	No	V0
PBT/IFR（25%）	No	No	V0
PBT/IFR（26.25%）	No	No	V0
PBT/IFR（30%）	No	No	V0
PBT/IFR（35%）	No	No	V0
PBT/IFR（40%）	No	No	V0

NR：No rating。

　　如图 3.2 所示，试样在垂直燃烧过程中，被坩埚钳夹住试样的上端 6 mm 处，点火 10 s 后，火焰移开试样，试样离火即熄。在燃烧测试后，取出三根垂直燃烧后的试样，如图 3.3 所示，在图中，可以清楚看到添加 20%，30%，40%IFR 后，均匀分散 PBT/IFR 阻燃复合材料的外观形貌。PBT/IFR（20%）阻燃复合材料经过 10 s 点火时，其随着不断增加的热量，试样表面充分接触空气且受热更容易，导致火焰燃烧试样表面，但随着更多的 IFR 参与到阻燃中，形成牢固的阻隔屏障，从而阻止进一步燃烧，直到燃烧停止。PBT/IFR（30%）阻燃复合材料在点火时，产生黑烟，黑烟把试样上部分熏黑，离火即熄，也验证了表 3.1 的测试结果，PBT/IFR（30%）复合材料能够达到 V0 级。当 IFR 含量增加到 40%时，点火时已不能让试样燃烧，PBT/IFR（40%）阻燃复合材料有极好的阻燃性能。

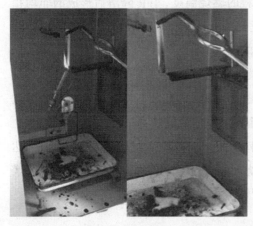

图 3.2　垂直燃烧

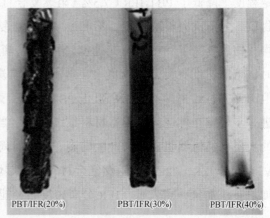

图 3.3　均匀分散 PBT/IFR 阻燃复合材料的外观形貌

3.2.3 微观形貌

对于膨胀型阻燃剂而言，形成完整致密的炭层是至关重要的。炭层量反映了阻燃剂对阻燃复合材料热稳定性的优劣。为了进一步分析不同质量分数的 IFR 对均匀分散 PBT/IFR 阻燃复合材料的成炭效果，分别对纯 PBT、均匀分散 PBT/IFR（10%）、PBT/IFR（20%）以及 PBT/IFR（30%）阻燃试样燃烧后的表面进行分析，如图 3.4 所示。随着 IFR 添加量的增加，燃烧后的炭层越来越致密，从图中可以看到纯 PBT 燃烧后的残余，表面被黑烟熏黑，没有看到炭的形成，这验证了纯 PBT 燃烧后无炭层形成，如图 3.4（a）所示。在纯 PBT 树脂中添加 10%IFR，如图 3.4（b）所示，均匀分散 PBT/IFR（10%）阻燃材料能够形成分散多孔的炭层，很容易破损，有一定的阻燃效果，但不能阻止可燃气体和热量的进一步传播。观察图 3.4（c），其炭层与 PBT/IFR（10%）阻燃材料对比起来更加致密，能够一定程度上作为传质传热屏障。当 IFR 填充量增加到 30%时，形成的炭层厚度及良好的结构已经能够使 PBT/IFR（30%）阻燃复合材料阻燃性能达到 V0 级，这也进一步验证了图 3.1 所示的垂直燃烧及极限氧指数测试结果。

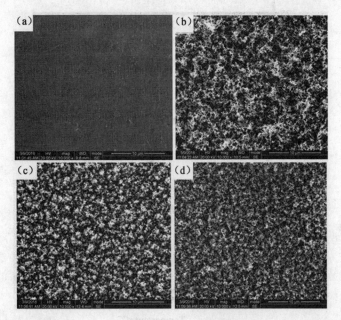

（a）纯 PBT（b）PBT/IFR（10%）（c）PBT/IFR（20%）（d）PBT/IFR（30%）

图 3.4　均匀分散 PBT/IFR 阻燃复合材料的 SEM 图片

3.2.4 热失重测试

通过 TGA 来测试纯 PBT 和 PBT/IFR（25%）的热降解行为，由图 3.5、3.6 可知，纯 PBT 和 PBT/IFR（25%）热降解行为相似且只有一次降解行为，纯 PBT 的热降解行为主要集中在 360～460 ℃，然而，纯 PBT 热解起始温度（T_{onset}）和最终温度（T_{max}）

均高于 PBT/IFR（25%），分别从 365.4 ℃ 降低到 344.7 ℃，从 411.6 ℃ 降低到 403.4 ℃。
这说明 IFR 热解 T_{onset} 是低于纯 PBT 的，这是因为 IFR 在 PBT 基体热降解之前热降解
形成的炭层，延缓甚至阻止 PBT 基体进一步热降解。如表 3.2 所示，IFR 使残余量从
6.08%增加到了 14.54%，这与 IFR 在阻燃过程中形成的炭层有关，也验证了图 3.4 中看
到的炭层。

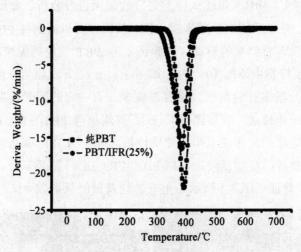

图 3.5　纯 PBT 和 PBT/IFR 试样在氮气环境下的 DTG

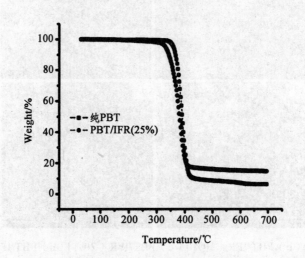

图 3.6　纯 PBT 和 PBT/IFR 试样在氮气环境下的 TG

表 3.2　TGA 主要数据

试样	T_{onset}/℃	T_{max}/℃	T_m/℃	残余量/%
纯 PBT	365.4	411.6	390.9	6.07
PBT/IFR（25%）	344.7	403.4	382.3	14.54

3.2.5　红外光谱

如图 3.7 所示,样品 PBT/IFR(15%)在 1 717 cm^{-1},3 432 cm^{-1} 出现的宽峰是—C=O,NH$_2$—基团的不对称振动峰,876 cm^{-1} 是 1,4 取代苯的振动峰;在被点燃后,NH$_2$—基团以及 1,4 取代苯被破坏,炭层在 1 245 cm^{-1},1 323 cm^{-1},和 1 409 cm^{-1} 的吸收峰分别为—C—O,P—N—C—O 和—C—N 基团的特征吸收峰;在 1 017 cm^{-1} 和 872 cm^{-1} 位置是 P—O—C 基团上的 P—O 不对称振动峰,显示了在燃烧过程中形成了含磷交联结构的炭层。

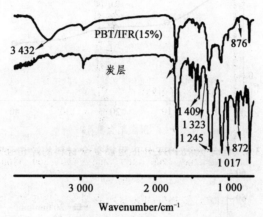

图 3.7　PBT/IFR（15%）和炭层的红外光谱

3.2.6　冲击性能

力学性能分析主要通过冲击与拉伸测试来得到冲击强度、拉伸强度、应力应变以及断裂伸长率相关数据,来分析均匀分散 PBT/IFR 阻燃复合材料受 IFR 添加量影响的力学性能。IFR 的添加量对 PBT 树脂冲击强度有一定的影响,如图 3.8 所示。随着 IFR 在 PBT 树脂中添加比重的增大,其冲击强度有着一定幅度的下降,主要原因是添加到 PBT 树脂里的 IFR 使复合材料内部产生缺陷,添加量越大,缺陷越多,当 IFR 添加量达到 40%时,致使纯 PBT 的冲击强度从 3.52 kJ/m^2 下降到 1.38 kJ/m^2,冲击强度下降幅度达到了 255%,说明大量添加 IFR 诱发应力集中,进而导致裂缝产生,其对 PBT/IFR 阻燃复合材料的冲击强度具有很大的破坏作用。

3.2.7　拉伸性能

通过以 20 mm/min、50 mm/min 的拉伸速率,对 PBT/IFR（10%,20%,30%,40%）阻燃复合材料进行拉伸测试,得到了相应的断裂伸长率、拉伸强度以及应力应变数据。

如图 3.9 所示,以 20 mm/min、50 mm/min 的拉伸速率进行拉伸测试,可以清楚地看到,随着 IFR 添加量的增加,试样的拉伸强度逐渐降低,这是因为 IFR 添加量过多导致复合材料缺陷越来越严重。拉伸速率与拉伸强度成正比关系，这与 PBT 材料自身的黏弹性有关，拉伸速率直接影响到材料的形变速率，拉伸速率越快，拉伸强度越大。

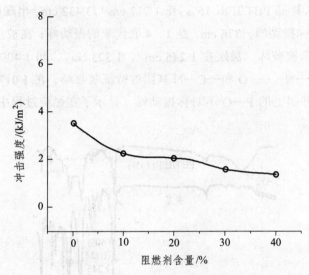

图 3.8　均匀分散 PBT/IFR 阻燃复合材料的冲击强度

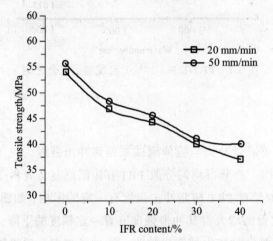

图 3.9　均匀分散 PBT/IFR 阻燃复合材料的拉伸强度

　　如图 3.10 所示，以 20 mm/min、50 mm/min 两种拉伸速率，得到不同 IFR 添加量的均匀分散 PBT/IFR 阻燃复合材料断裂伸长率，两种拉伸速率下，均匀分散 PBT/IFR 阻燃复合材料的断裂伸长率都随着 IFR 添加量的增加而降低。以 50 mm/min 拉伸速率为例，当阻燃剂添加量从 0% 增加到 40% 时，均匀分散 PBT/IFR 阻燃复合材料的断裂伸长率降低了 73.9%。究其原因，主要是由于 IFR 的添加量增加了 PBT 复合材料的缺陷，从而降低了 PBT 复合材料的延展性和韧性，造成 PBT 树脂断裂伸长率降低。

　　当以 20 mm/min 拉伸速率拉伸时，其断裂伸长率大于 50 mm/min，这是由于随着拉伸速率的增加，均匀分散 PBT/IFR 阻燃复合材料从韧性断裂往脆性断裂发展。究其原因在于拉伸过程中伴随着晶粒的重新排列以及大晶粒变成小晶粒的过程。拉伸速率越慢，材料本身就有充足的时间响应，此过程均匀分散 PBT/IFR 阻燃复合材料倾向于韧性断裂；相反，拉伸速率很快，材料本身来不及响应，此时倾向于脆性断裂。

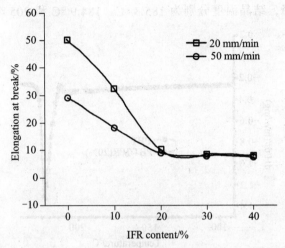

图 3.10　均匀分散 PBT/IFR 阻燃复合材料断裂的伸长率结果

0～40%IFR 的均匀分散 PBT/IFR 阻燃复合材料的应力应变曲线如图 3.11 所示，从图中可以看到，随着 IFR 添加量的增多，均匀分散 PBT/IFR 阻燃复合材料的屈服点从有到无，其分界点是 IFR 添加量为 20%，从而验证了阻燃剂的添加导致均匀分散 PBT/IFR 阻燃复合材料产生缺陷，降低了其韧性及延展性。

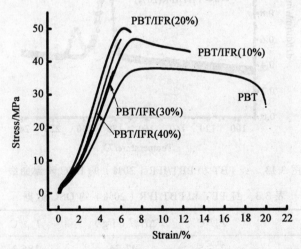

图 3.11　均匀分散 PBT/IFR 阻燃复合材料的应力应变曲线（v=20 mm/min）

3.2.8　差示扫描热（DSC）

图 3.12 和图 3.13 分别为纯 PBT 与 PBT/IFR（20%）的升温和降温曲线。如图 3.12 所示，在升温过程中，纯 PBT 与 PBT/IFR 样品均出现了两个熔融峰，这是双重熔结晶现象，说明纯 PBT 与 PBT/IFR 样品经历了熔融→结晶→再熔融→再结晶的过程，加入 IFR

后，PBT/IFR 样品仍然存在双重熔结晶现象，且熔融峰的位置与纯 PBT 相同，可知 IFR 对 PBT/IFR 样品熔点影响较小。如图 3.13 所示，纯 PBT 和 PBT/IFR（20%）分别出现了一个和两个结晶峰，结晶温度分别为 185.3 ℃、184.9 ℃ 和 205 ℃，如表 3.3 所示。

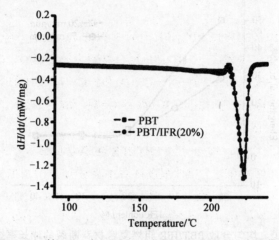

图 3.12　纯 PBT 和 PBT/IFR（20%）的 DSC 升温曲线

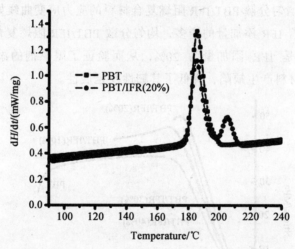

图 3.13　纯 PBT 和 PBT/IFR（20%）的 DSC 降温曲线

表 3.3　纯 PBT 和 PBT/IFR（20%）的 DSC 数据

试样	T_m/℃	ΔH_m/（J/g）	T_{c1}/℃	T_{c2}/℃
PBT	223.5	43.74	185.3	—
PBT/IFR（20%）	223.4	40.75	184.9	205

3.3　结束语

垂直燃烧、极限氧指数测试以及 SEM 表征表明，IFR 添加有助于 PBT 复合材料在燃烧后形成炭层，IFR 添加量从 0%增加到 40%，炭层也从多孔、易碎向致密变化，大量添加 IFR 的确能有效提高燃烧后炭层的质量，使 PBT 复合材料 UL94 等级从 NR 等级提升到 V0 等级，极限氧指数也从 21.5%提高到 27.1%，极大地提高了 PBT 复合材料的阻燃性能。

TGA 测试表明，添加 IFR 使 PBT/IFR 复合材料的 T_{onset}、T_{max} 降低，而残余量增加；由红外测试表明，在燃烧过程中，PBT/IFR 复合材料由—C=O，OH—及 NH—基团，1，4 取代苯生成了含—C—O—，P—N—C—O 和—C—N 基团的炭层，在 1 017 cm^{-1} 和 872 cm^{-1} 位置是 P—O—C 基团上的 P—O 不对称振动峰，显示了在燃烧过程中形成了炭层交联结构。

随着 IFR 添加量的增加，均匀分散 PBT/IFR 阻燃复合材料整体的力学性能逐渐恶化。当 IFR 添加量在 0 ~ 20%时，拉伸强度随着 IFR 添加量的增加而增大，冲击强度、断裂伸长率降低幅度不大，韧性断裂、屈服点存在；当 IFR 添加量在 20% ~ 40%时，冲击强度、拉伸强度以及断裂伸长率全部降低，屈服点消失。由 DSC 表明，PBT、PBT/IFR 复合材料均存在双重熔结晶现象。综合均匀分散 PBT/IFR 阻燃复合材料的阻燃性能及力学性能，当添加 22.5%IFR 时，其综合性能最优。

4 层状受限结构 PBT/IFR 阻燃复合材料

4.1 层状受限结构概述

阻燃剂层状形态分布分为两类：一是穿插式多层层状分布，二是层状梯度分布。穿插式多层层状分布是阻燃层与非阻燃层（纯基体）交替叠加组成阻燃剂多层层状分布，多层复合材料通过多层复合挤压系统制备，如图 4.1 所示。陈宝书等通过微层共挤出机，制备了不同层数的 PP/PPIFR 交替层状复合材料，随着 2 层 PP/PPIFR 交替层状复合材料增加到 64 层，极限氧指数（LOI）增加了 5.5，在热分解过程中，64 层 PP/PPIFR 交替层状复合材料的热释放量更低。在做力学性能测试中，随着层数的增加，断裂伸长率有极大提升，提升幅度达 100%，大量层界面抑制银纹在复合材料内部扩散，从而改善了层状复合材料的力学韧性。层状分布的每层层厚对阻燃性能有较大影响，当中间非阻燃层层厚较厚时，此时层状分布在燃烧过程中不能形成连续炭层，阻燃性能比对应均匀分布的阻燃性能差；当中间非阻燃层降低到 1 mm 时，此时，22.5% 的层状材料能够达到 30% 的均匀分布的阻燃材料的阻燃效果。

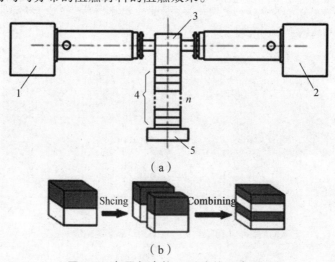

图 4.1 多层复合挤压系统的示意图

1, 2—挤出机；3—复合挤压块；4—层倍增器；5—冲模

阻燃剂层状浓度梯度分布与传统均匀分布不同，阻燃剂最外层阻燃剂浓度最高，然后每层之间的阻燃剂浓度有一定的差别。在点燃复合材料后，表面层可以迅速形成阻隔层，阻止热量传递到复合材料内部。通过层状浓度梯度的构筑，能够使含 3.5% 的阻燃剂梯度分布达到 6.3% 阻燃剂均匀分布的阻燃效果，即达到 UL94 V0 级。而且浓度

梯度分布阻燃印刷电路板（PCB）比阻燃剂均匀分布的 PCB 有着拉伸、冲击、弯曲的力学性能优势。每层之间的浓度梯度可以调控，每层浓度差越小，越趋近于均匀分散。张君君等调控总含量分别为 21%、23%、25%、27% 的 3 层层状浓度梯度，得出浓度梯度分布，有利于形成更多的炭层，提高膨胀阻燃乙烯-醋酸乙烯共聚物（EVA）的阻燃性能。

本书针对层状受限结构对 PBT/IFR 复合阻燃材料阻燃性能及力学性能进行分析，对层状受限结构进行改进。本章分为三个方面，具体如下：

（1）层状结构调控对 PBT/IFR 复合阻燃材料性能的影响；

（2）单一浓度梯度对层状 PBT/IFR 复合阻燃材料性能的影响；

（3）多级浓度梯度对层状 PBT/IFR 复合阻燃材料性能的影响。

4.2 层状结构调控

4.2.1 层状结构模型

具体层状结构 PBT/IFR 阻燃复合材料模型示意图如图 4.2 所示。均匀分散试样 1*，2*，3*分别为 PBT/IFR（7.5%），PBT/IFR（15%），PBT/IFR（22.5%）复合材料，其对应的层状试样 i，ii，iii 的阻燃层 IFR 含量都为 30%，非阻燃层为纯 PBT，阻燃层：非阻燃层分别为 0.5/3，1/2，1.5/1。随着层状 PBT/IFR 复合材料的 IFR 添加量增加，中间非阻燃层层厚也随之变薄，通过层状结构调控，来分析层状结构调控对 PBT/IFR 复合阻燃材料阻燃及力学等相关性能的影响。

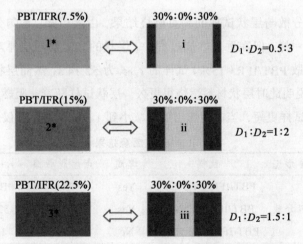

图 4.2　层状结构 PBT/IFR 阻燃复合材料模型示意图

i，ii，iii 层厚比为 D_1：D_2=0.5/3，1/2，1.5/1

4.2.2 极限氧指数（LOI）测试

均匀分散和层状结构 PBT/IFR 阻燃复合材料的 LOI 对比结果如图 4.3 所示，可以清晰地发现，随着层状 PBT/IFR 阻燃复合材料 IFR 添加量的增多（即中间非阻燃层层厚越薄，非阻燃层受限程度越强），层状 LOI 值与均匀分散试样差值从-0.7 增加到+0.1，再到+1.3，LOI 值从均匀分散的 23.1% 增加到层状的 24.4%，说明层状非阻燃层受限程度越高，其阻燃性能越优于均匀分散形态。

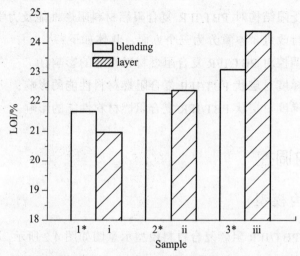

图 4.3 均匀分散和层状结构 PBT/IFR 阻燃复合材料的 LOI 结果

1*，2*，3*分别表示均匀分散 PBT/IFR（7.5%），PBT/IFR（15%），PBT/IFR（22.5%）阻燃复合材料；
i，ii，iii 分别表示层状 PBT/IFR（7.5%），PBT/IFR（15%），PBT/IFR（22.5%）阻燃复合材料

4.2.3 UL-94 垂直燃烧测试

表 4.1 为均匀分散与层状试样的垂直燃烧结果，由表可知，均匀分散与相对应的层状试样 UL94 等级一样，但在垂直燃烧过程中，层状的非阻燃层层厚对材料本身阻燃效果有影响，均匀分散 PBT/IFR（15%）试样的 t_1+t_2 为 52.14 s，然而层状 PBT/IFR（15%）的 t_1+t_2 为 129 s，说明此时层状材料燃烧得更久。层状试样随着非阻燃层层厚的变薄，燃烧时间比均匀分散试样更短，当非阻燃层层厚减小到 1 mm 时，t_1+t_2 仅仅为 0.8 s。

表 4.1 垂直燃烧结果

序号	试样形态	试样	熔滴	点燃脱脂棉	(t_1+t_2)/s	UL94 等级
1*		PBT/IFR（7.5%）	Yes	Yes	BC[①]	NR
2*	均匀分散	PBT/IFR（15%）	Yes	Yes	52.14	NR
3*		PBT/IFR（22.5%）	No	No	1.75	V0
i		PBT/IFR（7.5%）	Yes	Yes	232.95	NR
ii	层状	PBT/IFR（15%）	Yes	Yes	129	NR
iii		PBT/IFR（22.5%）	No	No	0.8	V0

① BC：burns to clamp.

通过燃烧后的层状 PBT/IFR 阻燃复合材料，来进一步解释层状 PBT/IFR 阻燃复合

材料的实际燃烧情况，如图 4.4 所示。其中，a 试样由层厚为 3 mm 的中间层（即非阻燃层）及层厚为 0.5 mm 的外层（30%IFR 阻燃层）构成，在燃烧时，非阻燃层受热熔融，产生流延现象，与此同时，非阻燃层两侧的阻燃层在热量刺激下分解成炭层，随即保护非阻燃层，但因阻燃层层厚太薄，无法抵抗非阻燃层的流延，甚至流延的非阻燃层把阻燃层一侧压塌陷，如图 4.4（a）所示；当阻燃层层厚增加到 1 mm 后，燃烧后的试样没有明显的流延现象，但燃烧时间较长，形成较多炭层后才停止燃烧，如图 4.4（b）所示；当阻燃层增加到 1.5 mm 时，刚开始燃烧不久，非阻燃层两侧的阻燃层就可以形成连续炭层，阻隔了热量及可燃气体接触非阻燃层内部，从而阻止了试样燃烧，如图 4.4（c）所示。

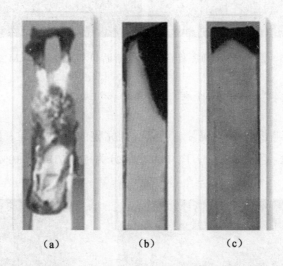

（a）　　　　（b）　　　　（c）

图 4.4　燃烧后的层状 PBT/IFR 阻燃复合材料剩余

非阻燃层与阻燃层层厚比：T（a）=3 mm/0.5 mm，T（b）=3 mm/0.5 mm，T（c）=1 mm/1.5 mm

4.2.4　扫描电子显微镜（SEM）测试

为了进一步分析层状可控受限结构对 PBT/IFR 复合材料阻燃性能的影响，层状 PBT/IFR（22.5%）复合材料的脆断面和炭层用 SEM 放大 2 000 倍进行观察。如图 4.5（a）所示，阻燃层与非阻燃层层厚比为 1.5 mm/1 mm 的层状 PBT/IFR（22.5%）复合材料阻燃层与非阻燃层的界面可以明显区分，下半部分（非阻燃层）与上半部分（阻燃层）的界面紧密相接且无缺陷和无开裂，这说明层状 PBT/IFR（22.5%）复合材料的非阻燃层与阻燃层相容性好，无缺陷。如图 4.5（b）所示，层状 PBT/IFR（22.5%）复合材料在燃烧时，由于非阻燃层两侧的阻燃层 IFR 添加量较高，阻燃层之间形成了致密的炭层，把中间的非阻燃层包裹，使致密的炭层有效地阻隔了 PBT/IFR 复合材料的非阻燃层进一步与空气接触，有利于提高其阻燃性能，从而也证明了适当的受限层状结构调控 PBT/IFR 复合材料比均匀分散形态阻燃性能更好。

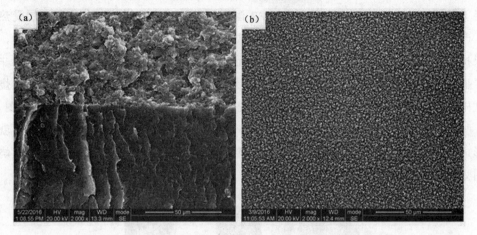

图 4.5　层状 PBT/IFR 复合材料脆断断口和炭层的 SEM 结果

4.2.5　偏光显微镜（PLM）测试

如图 4.6（a）为纯 PBT 偏光照片，可以看到完整的 PBT 晶粒；如图 4.6（b）为 IFR 层状分布在 PBT/IFR 复合材料中，图中黑色部分为 PBT/IFR（30%）复合材料，有晶粒部分为纯 PBT。

（a）纯 PBT　　　　　　　　　　（b）层状 PBT/IFR（7.5%）

图 4.6　PBT/IFR 复合材料偏光显微镜照片

4.2.6　热失重

为了确定层状分布对 PBT 基复合材料的热降解影响，通过 TGA 来分析 3*和层状 iii 样品的热降解行为，如图 4.7 和图 4.8 所示，3*和层状 iii 样品热降解的起始温度及最高温度均低于纯 PBT，然而，层状 iii 样品的最高温度低于 3*样品，3*样品的残炭量大于 iii 样品，具体 TG 数据如表 4.2 所示。这是由于层状 iii 样品中的纯 PBT 提高了层状 PBT/IFR 的最高热降解温度，降低了残炭量。

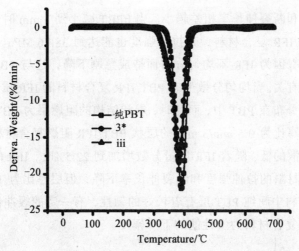

图 4.7 纯 PBT 和 PBT/IFR 试样在氮气环境下的 DTG

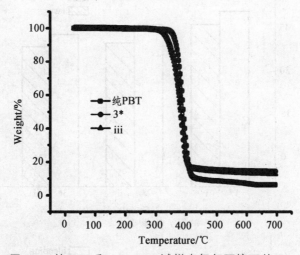

图 4.8 纯 PBT 和 PBT/IFR 试样在氮气环境下的 TG

表 4.2 TGA 主要数据

试样	$T_{onset}/°C$	$T_{max}/°C$	残炭量/%
纯 PBT	365.4	411.6	6.07
均匀分散 3*	346.6	401.1	14.27
海岛 iii	346.1	404.3	12.65

4.2.7 拉伸性能

均匀分散与层状可控受限结构 PBT/IFR 复合材料的拉伸强度和断裂伸长率结果如图 4.9 所示。随着 IFR 含量的增加，均匀分散与受限层状可控结构 PBT/IFR 阻燃复合材料的拉伸强度和断裂伸长率小幅度下降。这是由于添加 IFR 使 PBT/IFR 复合材料产生缺陷，从而使拉伸强度和断裂伸长率下降。

随着构筑的纯 PBT 层厚（hPBT）减小，均匀分散与受限层状可控结构 PBT/IFR 复合材料的拉伸强度和断裂伸长率相差越小。当 hPBT 减小到 1 mm 时，断裂伸长率几乎等于均匀分散 PBT/IFR 复合材料，其拉伸强度也能达到 38.76 MPa。层状 PBT/IFR 材料的力学性能并没有因为 IFR 不均匀分布而造成急剧下降，这与 PBT/IFR 复合材料的层状受限可控结构有关。当均匀分散形态 PBT/IFR 复合材料的 IFR 质量分数为 7.5%时，少量 IFR 更易均匀分布在 PBT 中，而此时，层状结构的阻燃层为 PBT/IFR（30%），IFR 更容易团聚，使层厚比为 0.5 mm/3 mm 的层状 PBT/IFR 阻燃复合材料的拉伸强度和断裂伸长率比均匀分散的低。随着 IFR 质量分数增加到 22.5%时，IFR 的添加使均匀分散 PBT/IFR 阻燃复合材料的拉伸强度和断裂伸长率下降，但层厚比为 1.5 mm/1 mm 的层状 PBT/IFR 复合材料中间纯 PBT 层有着较好的韧性，有一定的缓冲作用，减缓了层状形态 PBT/IFR 阻燃复合材料力学性能的下降幅度。

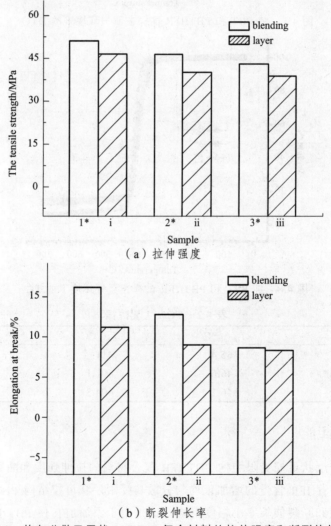

（a）拉伸强度

（b）断裂伸长率

图 4.9　均匀分散及层状 PBT/IFR 复合材料的拉伸强度和断裂伸长率

1*，2*，3*分别表示均匀分散 PBT/IFR（7.5%），PBT/IFR（15%），PBT/IFR（22.5%）阻燃复合材料；

i，ii，iii 分别表示层状 PBT/IFR（7.5%），PBT/IFR（15%），PBT/IFR（22.5%）阻燃复合材料

4.2.8 冲击性能

冲击强度测试如图 4.10 所示，随着 IFR 添加量的增加，均匀分散 PBT/IFR 复合材料的冲击强度逐渐降低，从 2.97 kJ/m² 降低到 2.64 kJ/m²。IFR 的加入使得 PBT 基体出现缺陷，当 PBT/IFR 复合材料受力时，诱发应力集中，从而产生裂缝，导致缺口，冲击强度下降。

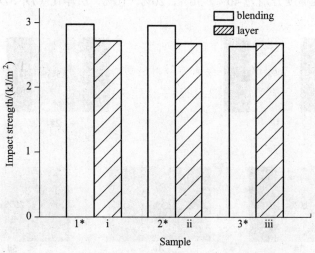

图 4.10　均匀分散及层状 PBT/IFR 复合材料的冲击强度

1*、2*、3*分别表示均匀分散 PBT/IFR（7.5%），PBT/IFR（15%），PBT/IFR（22.5%）阻燃复合材料；
i, ii, iii 分别表示层状 PBT/IFR（7.5%），PBT/IFR（15%），PBT/IFR（22.5%）阻燃复合材料

层状可控受限结构 PBT/IFR 复合材料的冲击强度几乎无变化，从 2.72 kJ/m² 降低到 2.67 kJ/m²。如图 4.5 所示，可以观察到阻燃层与非阻燃层界面紧密，无缺陷，另外，中间纯 PBT 层可以减缓冲击性能的下降。这说明，PBT/IFR 复合材料的层状可控受限结构增加了材料本身的韧性，减少了填充物对材料的冲击性能影响。当 IFR 质量分数为 7.5% 时，IFR 在均匀分散 PBT/IFR 复合材料中均匀分布，有着增韧的作用，因此，其冲击性能比层状 PBT/IFR 复合材料好，但此时的阻燃性能差，需要增加 IFR 填充量。随着 IFR 添加量的增加，均匀分散形态与层状形态的冲击强度差距减小，当 IFR 的质量分数为 22.5% 时，IFR 更易团聚，形成应力集中，使冲击强度下降。而受限层状可控结构 PBT/IFR 复合材料中的纯 PBT 层减缓了其下降速度。当层状形态 PBT/IFR 材料两侧阻燃层与中间非阻燃层的层厚比为 1.5 mm∶1 mm 时，其冲击强度比均匀分散形态更佳。

4.3 单一浓度梯度

4.3.1 单一浓度梯度层状结构模型

在 4.1 节中，证明了层状结构的确能够在不同 IFR 总填充量下，提高材料的阻燃性

能。因此，进一步分析了在相同 IFR 总填充量下，通过调控 PBT/IFR 复合阻燃材料层状之间的浓度梯度，来确定层状浓度梯度对 PBT/IFR 复合阻燃材料相关性能的影响。在 4.2 节中，具体层状结构 PBT/IFR 阻燃复合材料模型示意图如图 4.11 所示，层状形态 1#，2#，3#，4#试样及均匀分散形态 5#试样的 IFR 添加量均为 20%。其中，层状形态 1#（40%/0%/40%），2#（35%/5%/35%），3#（30%/10%/30%），4#（25%/15%/25%）试样的层与层之间浓度梯度分别为 40%，30%，20%，10%，层厚比（$D_1:D_2$）为 1:2。

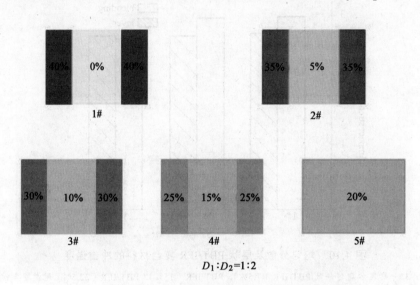

图 4.11　层状结构 PBT/IFR 阻燃复合材料模型示意图

1#，2#，3#，4#层厚比为 $D_1:D_2=1/2$

4.3.2　极限氧指数（LOI）测试

PBT/IFR 阻燃复合材料的 LOI 值随构筑的浓度梯度变化曲线如图 4.12 所示。其中，1#，2#，3#，4#分别表示层状 PBT/IFR（40%/0%/40%），PBT/IFR（35%/5%/35%），PBT/IFR（30%/10%/30%），PBT/IFR（25%/15%/25%）阻燃复合材料；5#表示均匀分散 PBT/IFR（20%），其浓度梯度分别为 40%，30%，20%，10%，0%。5 个试样的 IFR 总添加量都是 20%，改变的仅仅是试样的层状浓度梯度。当层状浓度梯度逐渐减小时，LOI 值先逐渐增大，然后减小，变化曲线成山峰状，说明层状浓度梯度变化对 LOI 值有一定影响。随着层状浓度从 40%降低至 10%的过程中，LOI 变化斜率逐渐增大，猜想浓度梯度越小在一定程度上，更易提高其 LOI 值，当层状浓度梯度为 10%时，LOI 值最大，达到了 24.1%，比均匀分散高。

4.3.3　UL-94 垂直燃烧测试

在同等 IFR 添加量下，单一浓度梯度调控对层状 PBT/IFR 阻燃复合材料的垂直燃烧测试得到的具体数据如表 4.3 所示。当浓度梯度为 40%时，UL94 等级为 NR 级，当浓度梯度降到 10%时，UL94 等级升高到 V0 级，然而，当浓度梯度继续降到 0%[即 PBT/IFR（20%）均匀分散形态]时，此时，UL94 等级又从 V0 降到了 V1 级，这与极限氧指数测试数据相符。随着浓度梯度的减小，UL94 等级高低也是成山峰状变化。当调控受限层状 PBT/IFR 阻燃复合材料的浓度梯度为 10%时，UL94 等级达到 V0 级，UL94 等级最佳。

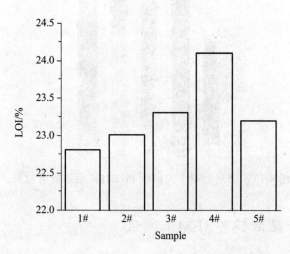

图 4.12　均匀分散和层状结构 PBT/IFR 阻燃复合材料的 LOI 结果

1#、2#、3#、4#分别表示层状 PBT/IFR（40%/0%/40%），PBT/IFR（35%/5%/35%），PBT/IFR（30%/10%/30%），PBT/IFR（25%/15%/25%）阻燃复合材料；5#表示均匀分散 PBT/IFR（20%）阻燃复合材料

表 4.3　垂直燃烧结果

序号	试样	熔滴	点燃脱脂棉	(t_1+t_2) /s	UL94 等级
1#	PBT/IFR（40%/0%/40%）	Y	Y	78.09	NR
2#	PBT/IFR（35%/5%/35%）	Y	Y	85.21	NR
3#	PBT/IFR（30%/10%/30%）	Y	Y	51.35	NR
4#	PBT/IFR（25%/15%/25%）	N	N	0.53	V0
5#	均匀分散 PBT/IFR（20%）	N	N	20.22	V1

NR: not rating.

在经过两次 10 s 点火后，试样的剩余形貌如图 4.13 所示。可以发现，随着浓度梯度的降低，试样剩余量有一定的变化。当浓度梯度为 40%（即试样 1#）时，层状结构未能提高试样阻燃性能，反而使试样更容易燃烧，产生熔滴，熔滴引燃脱脂棉，燃烧后的试样剩余 2/3 原试样长度；当浓度梯度降低到 10%（即试样 4#）时，试样点火端

有少许炭层，整个试样剩余与原试样长度相当，此时，试样阻燃性能到达 V0 级；当浓度梯度降低到 0%（相当于均匀分散，即试样 5# 时），观察发现试样燃烧时间更长，试样 5# 点火端变形严重。由此可以得出，当浓度梯度为 10% 时，此时阻燃性能最优。

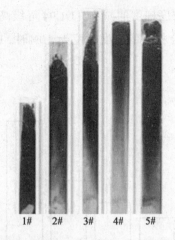

图 4.13　燃烧后剩余的层状 PBT/IFR 阻燃复合材料

4.3.4　扫描电子显微镜（SEM）测试

图 4.14 为层状结构 PBT/IFR 阻燃复合材料脆断断口的外观形貌，为了使试样界面尽量沿直线脆断，试样放入液氮前在其表面有直线刻痕。由于层状的材料结构是本小节结构设计的主要部分，通过图 4.14 材料的表面形貌，可以清晰地看到试样分三层。中间一层是纯 PBT 层，紧邻的一层为阻燃层[即 PBT/IFR（40%）]。说明通过加工工艺的改进，的确制备出了层厚比为 1∶2 的层状结构 PBT/IFR 阻燃复合材料试样。

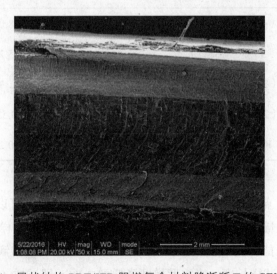

图 4.14　层状结构 PBT/IFR 阻燃复合材料脆断断口的 SEM 结果

4.3.5 偏光显微镜（PLM）测试

图 4.15 为 IFR 层状分布在 PBT/IFR 复合材料的偏光显微镜照片，共三层，图中黑色部分为 PBT/IFR（40%）复合材料，中间有晶粒部分为纯 PBT，层厚比为 1∶2∶1。

200 μm

图 4.15　层状 PBT/IFR（40%/0%/40%）复合材料偏光显微镜照片

4.3.6 热失重

为了分析层状单一浓度梯度对 PBT/IFR 复合材料热降解的影响，通过 TGA 来得到热降解具体数据。如图 4.16 和图 4.17 所示，纯 PBT、1#以及 4#样品热降解行为相似。1#、4#样品的 T_{onset}、T_{max} 以及 T_m 受浓度梯度影响，当浓度梯度为 40%时（即 1#样品），此时受中间纯 PBT 层的影响，1#样品 T_{onset}、T_{max} 以及 T_m 均大于 4#样品，分别为 353.9 ℃、407.2 ℃ 以及 387.7 ℃，具体数据如表 4.4 所示。浓度梯度降到 10%时（即 4#样品），因为每层均有 IFR，每层之间形成相互协效，使 PBT/IFR 样品形成炭层保护，增加了残炭量。

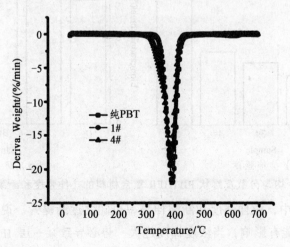

图 4.16　纯 PBT 和 PBT/IFR 试样在氮气环境下的 DTG

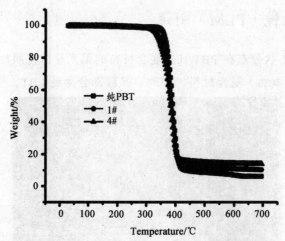

图 4.17　纯 PBT 和 PBT/IFR 试样在氮气环境下的 TG

表 4.4　TGA 主要数据

试样	$T_{onset}/°C$	$T_{max}/°C$	$T_m/°C$	残炭量/%
纯 PBT	365.4	411.6	390.9	6.07
1#	353.9	407.2	387.7	10.3
4#	348.3	404.7	384.6	13.84

4.3.7　拉伸性能

　　均匀分散及层状 PBT/IFR 复合材料的拉伸强度和断裂伸长率如图 4.18 所示。由三层调控构成的 PBT/IFR 复合材料，随着层状浓度梯度差的降低，IFR 趋近均匀分布在

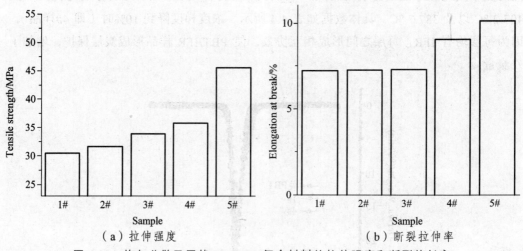

（a）拉伸强度　　　　　　　　　　　　　　（b）断裂拉伸率

图 4.18　均匀分散及层状 PBT/IFR 复合材料的拉伸强度和断裂伸长率

PBT/IFR 复合材料中，拉伸强度和断裂伸长率也随之逐渐提升。说明了层状浓度梯度对材料本身力学性能有影响，当浓度梯度过大，势必导致某一层 IFR 含量过高，该层力学性能极差。虽然层状界面有利于阻止银纹扩展，但界面过少，无法阻止因高 IFR

添加量导致的力学性能恶化。当层状浓度梯度差为 0%（即均匀分散）时，5#试样的拉伸强度为 45.57 MPa，断裂伸长率为 10.11%；当浓度梯度升高到 10%时，4#试样的拉伸强度为 35.86 MPa，断裂伸长率为 9.07%。

4.3.8 冲击性能

如图 4.19 所示，可以看出体系的冲击强度变化不大，主要集中在 2 ~ 2.35 kJ/m² 之间，说明了浓度梯度差对冲击强度影响不大。

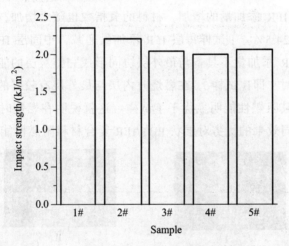

图 4.19 均匀分散及层状 PBT/IFR 复合材料的冲击强度

1#、2#、3#、4#分别表示层状 PBT/IFR（40%/0%/40%），PBT/IFR（35%/5%/35%），PBT/IFR（30%/10%/30%），PBT/IFR（25%/15%/25%）阻燃复合材料；5#表示均匀分散 PBT/IFR（20%）阻燃复合材料

4.4 多级浓度梯度

4.4.1 多级浓度梯度层状结构模型

4.2 节分析了 3 层层状结构受限阻燃材料有利于提高材料的阻燃性能，为了深入探讨受限层状对阻燃材料的相关性能影响，4.3 节对材料每层重新进行了受限结构设计，增多受限层数以及浓度梯度梯度数量。多级浓度梯度层状结构 PBT/IFR 阻燃复合材料模型示意图如图 4.20 所示。层状形态的 Ⅰ、Ⅱ、Ⅲ、Ⅳ试样 IFR 总添加量都为 20%，其不同体系的最外层都是 25%IFR 层，原因在于材料的燃烧一般都是从材料表面往内部的过程，25%IFR 层完全能够阻止着火点在最外层。因此，着火点只能在含有不同 IFR 添加量的多层面，多层面主要通过调节中间三层的浓度梯度（试样的浓度梯度具有对称性），来进行浓度梯度受限构筑，进而测试多级层状浓度梯度对 PBT/IFR 复合阻燃材料相关性能的影响。其中，多级浓度梯度层状形态为 Ⅰ（25%/20%/10%/20%/25%），

Ⅱ（25% /15% /15% /15% /25%），Ⅲ（25% /10% /20% /10% /25%），Ⅳ（25% /5% /25% /5% /25%），共有 5 层，层厚比为 $D_1:D_2:D_3:D_4:D_5=1:0.5:1:0.5:1$，Ⅰ试样相邻层之间浓度梯度差为 5%、10%，Ⅱ试样相邻层之间浓度梯度差为 10%、0%，Ⅲ试样相邻层之间浓度梯度差为 15%、10%，Ⅳ试样相邻层之间浓度梯度差为 20%。

4.4.2 极限氧指数（LOI）测试

图 4.21 是层状 PBT/IFR 阻燃材料的氧指数随多级浓度梯度的变化曲线。从图中可以得到随着中间层 IFR 添加量的增加，材料的氧指数也随之增加，从Ⅰ试样的 23.2% 提升到了Ⅳ试样的 24.5%。Ⅰ试样每层 IFR 添加量递减，中间层 IFR 添加量为 10%，Ⅰ试样中间三层 IFR 添加量不具备与最外层协同形成完整炭层的能力；当中间层 IFR 添加量增加到 25% 时（即Ⅳ试样），在燃烧时内层与最外层有较好的协同作用，形成均匀致密的炭层，使其阻燃性能明显优于Ⅰ试样。这就说明在燃烧时，构筑不同的受限层与受限层之间协同效果的优劣对层状 PBT/IFR 复合材料阻燃性能有着一定影响。

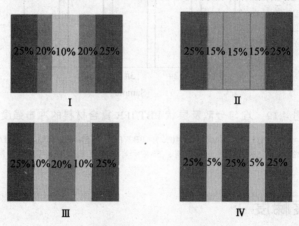

$D_1:D_2:D_3:D_4:D_5=1:0.5:1:0.5:1$

图 4.20 层状结构 PBT/IFR 阻燃复合材料模型示意图

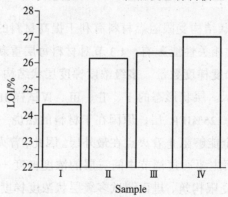

图 4.21 层状结构 PBT/IFR 阻燃复合材料的 LOI 结果

4.4.3 UL-94 垂直燃烧测试

在 20%IFR 添加量下，多浓度梯度调控对层状 PBT/IFR 阻燃复合材料的垂直燃烧测试得到的具体结果如表 4.5 所示。可以看到，4 种材料样条在空气环境中点火 10 s 后，均未产生熔滴。1#试样燃烧时间内，火焰很小，每次点火能维持几秒时间，其 t_1+t_2 为 13.69 s，UL94 等级为 V1。3#、4#试样在点火 10 s 后，离火即熄，且均无熔滴，达到了 UL94 等级 V0。由此看来，多浓度梯度调控有利于改善整个复合体系的阻燃性能。

表 4.5 垂直燃烧结果

序号	试样	熔滴	点燃脱脂棉	(t_1+t_2)/s	UL94 等级
Ⅰ	PBT/IFR（25% /20% /10% /20% /25%）	N	N	13.69	V1
Ⅱ	PBT/IFR（25% /15% /15% /15% /25%）	N	N	0.68	V0
Ⅲ	PBT/IFR（25% /10% /20% /10% /25%）	N	N	0	V0
Ⅳ	PBT/IFR（25% /5% /25% /5% /25%）	N	N	0	V0

4.4.4 扫描电子显微镜（SEM）测试

如图 4.22 所示，选取Ⅳ试样的脆断断面 SEM 图片进行层与层界面微观分析。图 4.22（a）显示出Ⅳ试样放大 50 倍后的整个脆断断面，从上到下每层 IFR 填充量分别为 25%、5%、25%、5%、25%。Ⅳ试样是由高浓度 IFR 层与低浓度 IFR 层交替叠加在一

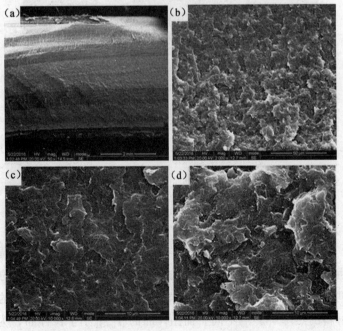

图 4.22 层状结构 PBT/IFR 阻燃复合材料脆断断口的 SEM 结果

起的。IFR 填充量为 25% 的颜色明显浅于填充量为 5% 的颜色，可以看到Ⅳ试样共分五层，每层之间界限分明，层厚比为 2：1，其构筑出了多级浓度梯度试样。为了进一步观察界面缺陷，在界面处放大到 2 000 倍，如图 4.22（b）所示，从上到下每层 IFR 填充量分别为 5% 及 25%，界面无缺陷产生，层与层间相容效果好，无裂纹。分别将每层放大至 10 000 倍，观察每层 IFR 添加量对 PBT 的破坏情况，当 IFR 添加量为 5% 时，IFR 几乎没有阻碍 PBT 的连续性，如图 4.22（c）所示；当 IFR 添加量增加到 25% 时，如图 4.22（d）所示，可以发现有部分 IFR 团聚在一起，增加了产出银纹，甚至出现裂纹的可能性。说明受限调控的每层产生缺陷的可能性不同，IFR 添加量少，缺陷少；IFR 添加量大，产生缺陷的可能性也随之增加。

4.4.5　偏光显微镜（PLM）测试

如图 4.23 为 IFR 层状分布在 PBT/IFR 复合材料的偏光显微镜照片，共五层。图中黑色部分为 PBT/IFR（25%）复合材料，中间有晶粒部分为 PBT/IFR（5%），层厚比为 1：0.5：1：0.5：1。

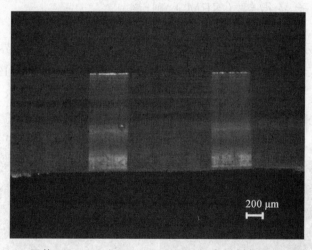

图 4.23　层状 PBT/IFR（40%/0%/40%）复合材料偏光显微镜照片

4.4.6　热失重

通过 TGA 来测试多级浓度梯度对 PBT/IFR 复合材料的热降解影响，图 4.24 和图 4.25 为纯 PBT、Ⅲ、Ⅳ样品的 DTG 以及 TG 曲线图。多级浓度梯度的调控对热降解有一定的影响，由第 3 章可知，添加 IFR 使均匀分散 PBT/IFR 复合材料的 T_{onset}、T_{max} 降低和残炭量提高。由图 4.20 可知，Ⅲ、Ⅳ样品是由不同 IFR 含量组成的多层，每层对 PBT/IFR 复合材料的热降解影响不同。而Ⅲ样品的 T_{onset} 小于Ⅳ样品，为 329.9 ℃（见表 4.6），这是因为Ⅳ样品中含有 PBT/IFR（5%）层，此层增加了 T_{onset} 值。

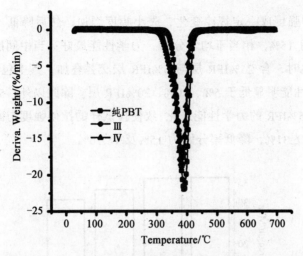

图 4.24　纯 PBT 和 PBT/IFR 试样在氮气环境下的 DTG

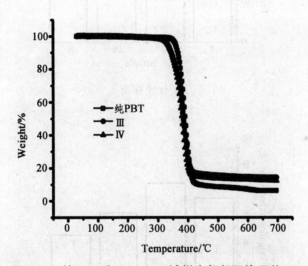

图 4.25　纯 PBT 和 PBT/IFR 试样在氮气环境下的 TG

表 4.6　TGA 主要数据

试样	T_{onset}/°C	T_{max}/°C	T_m/°C	残炭量/%
纯 PBT	365.4	411.6	390.9	6.07
Ⅲ	329.9	406.2	387.1	14.16
Ⅳ	347.7	401.7	382.8	12.21

4.4.7　拉伸性能

如图 4.26 所示，拉伸强度与断裂伸长率都受多级 IFR 浓度梯度受限调控影响。随着中间层与第二层的浓度梯度差从−10%调控到 0%，再调控受限到 10%，甚至 20%，断裂伸长率及拉伸强度成一定规律变化，先小幅度增加，然后降低。Ⅱ试样的中间三层 IFR 添加量都为 15%，相当于均匀分布，力学性能最好；当中间层与第二层的浓度梯度差增加到 20%时，含 25%IFR 层与 5%IFR 层交替叠加，其中包含三层 25%IFR。25%IFR 层的力学性能明显低于 5%、10%、20%IFR 层。除此以外，5%IFR 层很薄，无法抵消另外三层 25%IFR 的力学性能恶化，致使Ⅳ试样的拉伸强度与断裂伸长率分别降低到 30.81 MPa 及 6.31%，降低率分别为 15% 及 18.16%。

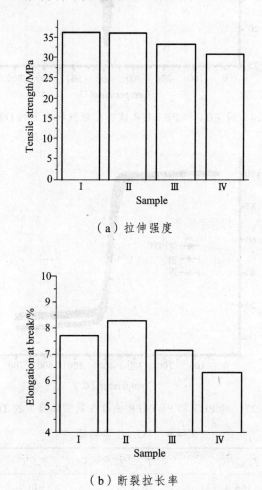

（a）拉伸强度

（b）断裂拉长率

图 4.26　层状 PBT/IFR 复合材料的拉伸强度和断裂伸长率

Ⅰ，Ⅱ，Ⅲ，Ⅳ分别表示层状 PBT/IFR（25% /20% /10% /20% /25%），PBT/IFR（25% /15% /15% /15% /25%），PBT/IFR（25% /10% /20% /10% /25%），PBT/IFR（25% /5% /25% /5% /25%）阻燃复合材料

4.4.8　冲击性能

如图 4.27 所示，多级浓度对材料的冲击强度影响幅度较小，变化的最大幅度仅为 0.13 kJ/m^2，四种多级浓度受限调控后的材料冲击强度范围主要集中在 1.6 ~ 1.74 kJ/m^2。

变化幅度不大的原因在于：一方面是由于总的 IFR 含量没有改变；另外一方面是由于试样受限结构一致，使受限结构对冲击强度没有影响。

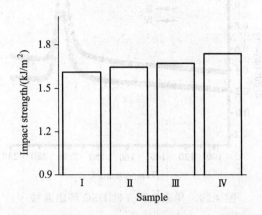

图 4.27 层状 PBT/IFR 复合材料的冲击强度

Ⅰ，Ⅱ，Ⅲ，Ⅳ分别表示层状 PBT/IFR（25%/20%/10%/20%/25%），PBT/IFR（25%/15%/15%/15%/25%），PBT/IFR（25%/10%/20%/10%/25%），PBT/IFR（25%/5%/25%/5%/25%）阻燃复合材料

4.4.9　差示扫描热（DSC）测试

试样Ⅲ、Ⅳ的熔融曲线如图 4.28 所示。与纯 PBT 相似，IFR 浓度梯度分布也存在多重熔融现象，并未因为浓度梯度的调控而使多重熔融现象消失。在升温过程中，试样Ⅲ、Ⅳ的熔融温度分别为 223.1 ℃ 和 224.1 ℃，如表 4.7 所示，说明浓度梯度调控对 PBT/IFR 复合材料的熔融温度影响不大，加工过程中，不会因为熔融温度的变化，而增加加工难度。如图 4.29 所示，在降温过程中，试样Ⅲ、Ⅳ的结晶曲线的结晶峰比较接近，结晶温度分别为 203.7 ℃ 和 204.8 ℃。

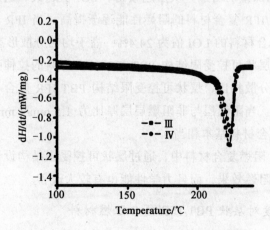

图 4.28　样品Ⅲ和Ⅳ的 DSC 升温曲线

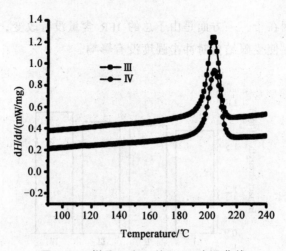

图 4.29　样品 Ⅲ 和 Ⅳ 的 DSC 降温曲线

表 4.7　样品的 DSC 数据

试样	T_m/°C	ΔH_m/（J/g）	T_{c2}/°C
Ⅲ	223.1	32.39	203.7
Ⅳ	224.1	29.25	204.8

4.5　结束语

通过调控 IFR 层状形态，构筑了 3 类层状形态，并针对每类形态进行结构优化，每类层状形态总结如下：

1. 层状结构调控对 PBT/IFR 复合阻燃材料

（1）随着 IFR 添加量的增加，炭层越致密，LOI 值越大，通过层状可控受限结构设计，可使层状 PBT/IFR 复合材料的阻燃性能逐渐提高，当 IFR 添加量为 22.5%时，层状形态 PBT/IFR 复合材料的 LOI 值为 24.4%，高于均匀分散形态的 23.1%。

（2）均匀分散与层状可控受限结构 PBT/IFR 复合材料的拉伸强度和断裂伸长率均逐渐降低。但与均匀分散相比，层状可控受限结构 PBT/IFR 复合材料的拉伸强度和断裂伸长率下降更缓慢。当阻燃层与非阻燃层层厚比为 1.5 mm/1 mm 时，其冲击强度与均匀分散 PBT/IFR 复合材料基本相当。

（3）在 PBT/IFR 阻燃复合材料中，通过层状可控受限结构设计，添加更少的阻燃剂，就可达到更好的阻燃效果，而且力学性能也有较大改善。

2. 单一浓度梯度对层状 PBT/IFR 复合阻燃材料

（1）PBT/IFR 复合材料的浓度梯度接近均匀分散状态，有利于阻燃性能的提高，当层状浓度梯度为 10%时，阻燃性能达到 V0 级，LOI 值最大，性能优于均匀分散，达到了 24.1%。

（2）SEM 证实了单一浓度梯度 PBT/IFR 复合材料结构的形成；调控层状结构对热降解都有一定影响，浓度梯度降到 10%时，因为每层均有 IFR，每层之间形成相互协效，使 PBT/IFR 样品形成炭层保护，增加了残炭量。

（3）随着调控 PBT/IFR 复合材料的单一浓度梯度差从 40%降到 0%，拉伸强度、断裂伸长率及冲击强度均呈上升趋势，说明浓度梯度差较大对 PBT/IFR 复合材料力学性能是不利的。

3. 多级浓度梯度对层状 PBT/IFR 复合阻燃材料

（1）多浓度梯度调控有利于改善整个复合体系的阻燃性能；SEM 证实了多浓度梯度形态的形成以及层与层界面无缺陷；热失重测试表明，每层对 PBT/IFR 复合材料的热降解有一定影响。

（2）由于多浓度梯度 PBT/IFR 复合材料的界面较多，有利于阻止银纹传播，从而提高其力学性能。

5　海岛状结构 PBT/IFR 阻燃复合材料

通过受限调控每层浓度梯度，来改善层状 PBT/IFR 材料的相关性能，虽然能够一定程度上提升其阻燃性能，但加工步骤烦琐，使其加工成本提升，进而受到一定的实用限制。因此，本章构筑出了海岛状受限结构，该结构加工方便，易于实现工业化。本章从 3 个方面分析海岛受限结构对 PBT/IFR 复合阻燃材料相关性能的影响，具体如下：

（1）颗粒质量分数比例对海岛状 PBT/IFR 复合材料性能的影响。

（2）颗粒浓度梯度（同等比例）对海岛状 PBT/IFR 复合材料性能的影响。

（3）颗粒浓度梯度（不同比例）对海岛状 PBT/IFR 复合材料性能的影响。

5.1　颗粒质量分数比例

5.1.1　海岛结构模型

海岛结构试样（1#，2#，3#，4#，5#）与其相对应的均匀分散熔融试样（1*，2*，3*，4*，5*）如图 5.1 所示。其中，构筑海岛结构的两种颗粒 IFR 浓度为 30%、15%，分别按照 1：3、1：2、1：1、2：1、3：1 的质量分数比例构筑不同的海岛结构；其对应的均匀分散 IFR 浓度分别为 18.75%、20%、22.5%、25%、26.25%。通过调控颗粒质量分数比例，来分析不同质量分数比例对海岛型 PBT/IFR 复合材料相关性能的影响。

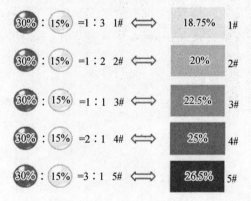

图 5.1　海岛结构 PBT/IFR 阻燃复合材料模型示意图

5.1.2　UL-94 垂直燃烧测试

表 5.1 为均匀分散与海岛状试样的垂直燃烧结果，由表可知，均匀分散与相对应的

海岛状试样 UL94 等级相同，当 IFR 含量为 18.75%时，试样在点火 10 s 后，继续燃烧，在燃烧过程中产生熔滴，滴落的熔滴引燃脱脂棉，材料没有达到 UL94 等级。当增加 IFR 添加量到 20%，阻燃级别可以达到 V1。可以观察到 t_1 明显高于 t_2，这是由于第一次点火后，材料表面燃烧形成炭层，有效地延缓了第二次点火对材料内部的破坏。

表 5.1　垂直燃烧结果

序号	试样形态	试样	熔滴	点燃脱脂棉	(t_1+t_2)/s	UL94 等级
1*		PBT/IFR（18.75%）	Yes	Yes	41.49/13.12	NR
2*		PBT/IFR（20%）	No	No	19.22/1	V1
3*	均匀分散	PBT/IFR（22.5%）	No	No	0.91/0.84	V0
4*		PBT/IFR（25%）	No	No	0/0	V0
5*		PBT/IFR（26.25%）	No	No	0/0	V0
1#		PBT/IFR（18.75%）	Yes	Yes	17.32/13.07	NR
2#		PBT/IFR（20%）	No	No	16.43/0.91	V1
3#	海岛	PBT/IFR（22.5%）	No	No	0/0	V0
4#		PBT/IFR（25%）	No	No	0/0	V0
5#		PBT/IFR（26.25%）	No	No	0/0	V0

如图 5.2 所示，当 IFR 添加量为 18.75%（即试样 1#、1*）时，试样 1#、1*产生了熔滴，引燃了脱脂棉。当 IFR 添加量增加到 20%以后，IFR 均匀分散与海岛分布在垂直燃烧后，其形貌没有太大的变化，在点火过程中，产生黑烟，熏黑了试样表面。

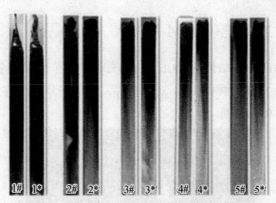

图 5.2　燃烧后的 PBT/IFR 阻燃复合材料剩余

5.1.3　极限氧指数（LOI）测试

由图 5.3 可知，IFR 添加量从 18.75%增加到 26.25%，PBT/IFR 复合材料的 LOI 值逐渐上升。其中，均匀分散 PBT/IFR 复合材料的 LOI 值由 22.6%上升至 24%，海岛状 PBT/IFR 复合材料的 LOI 值由 22.9%上升至 24.8%。通过 IFR 海岛分布的调控，使 PBT/IFR 复合材料的 LOI 值高于相对应的均匀分散 PBT/IFR 复合材料料的 LOI 值，当

IFR 添加量为 22.5% 时，海岛 PBT/IFR 复合材料的 LOI 值为 24.1%，相当于均匀分散 PBT/IFR（26.25%）复合材料的 LOI 值。综上可知，IFR 海岛形态有助于提升 PBT/IFR 复合材料的阻燃性能。

如图 5.3 所示，随着 PBT/IFR（30%）颗粒与 PBT/IFR（15%）颗粒的添加比例的增加，有助于提高 PBT/IFR 阻燃复合材料的阻燃性能，当 PBT/IFR（30%）颗粒与 PBT/IFR（15%）颗粒的添加比例为 1∶1 时，LOI 值增长幅度最大，达到 4.3%。这是由于随着两种颗粒的添加比例的变化，IFR 在基体 PBT 中的分布也随之改变，当 IFR 分布趋近于形成高效的阻燃网络时，IFR 能够最大限度地发挥其对 PBT 基体的阻燃效果。

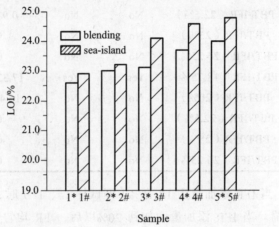

图 5.3　均匀分散及海岛状结构 PBT/IFR 阻燃复合材料的 LOI 结果

5.1.4　扫描电子显微镜（SEM）测试

如图 5.4 所示为海岛状结构 PBT/IFR（30%∶15%=1∶2）阻燃复合材料脆断面的 SEM 结果，上部分为 PBT/IFR（15%）复合材料，下部分为 PBT/IFR（10%）复合材料，可以发现海岛结构存在的界面。

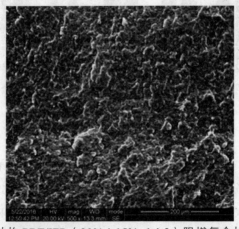

图 5.4　海岛状结构 PBT/IFR（30%∶15%=1∶2）阻燃复合材料的 SEM 结果

5.1.5　热失重

通过 TGA 来测试海岛形态对 PBT/IFR 复合材料热降解的影响,通过均匀分散形态样品（4*）与海岛形态样品（4#）对比,发现海岛形态使 PBT/IFR 复合材料的 T_{onset}、T_{max} 以及 T_{m} 降低,如图 5.5 和图 5.6 所示,具体数据如表 5.2 所示。这是由于海岛形态是由不同浓度的 PBT/IFR 复合材料微粒组成的,而不同浓度的 PBT/IFR 复合材料对热降解的影响不同。通过海岛形态的调控,残炭量增加到了 16.86%。

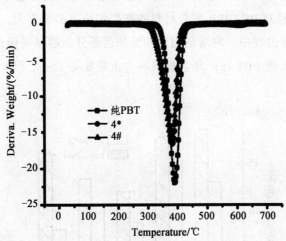

图 5.5　纯 PBT 和 PBT/IFR 试样在氮气环境下的 DTG

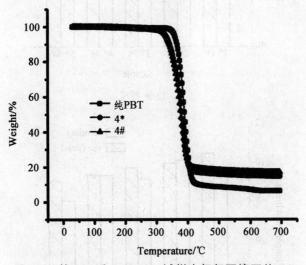

图 5.6　纯 PBT 和 PBT/IFR 试样在氮气环境下的 TG

表 5.2　TGA 主要数据

试样	$T_{\text{onset}}/^\circ\text{C}$	$T_{\text{max}}/^\circ\text{C}$	$T_{\text{m}}/^\circ\text{C}$	残炭量/%
纯 PBT	365.4	411.6	390.9	6.07
4*	344.7	403.4	382.9	14.54
4#	340.9	400.3	379.6	16.86

5.1.6　力学性能

如图 5.7 所示，从拉伸强度、断裂伸长率以及冲击强度三方面数据来分析和对比海岛结构与均匀分散结构的力学性能。如图 5.7（a）所示，海岛状 PBT/IFR 复合材料与相对应的均匀分散分布相比较，海岛结构的拉伸强度有所提升。当 IFR 添加量为 26.25% 时，通过海岛调控使 PBT/IFR 复合材料的拉伸强度提高了 7.96 MPa。这可能是由于海岛结构中不同浓度粒子的黏接力较好，有较好的相容性，且没有产生团聚效应。如图 5.7（b），海岛状调控对 PBT/IFR 复合材料的断裂伸长率影响不大，还有一定幅度的提升。这是因为在拉伸过程中，海岛结构中的低浓度部分能够延缓银纹的产生。如图 5.7（c）所示，海岛分布使 PBT/IFR 复合材料的冲击强度有了一定程度的降低，但降低幅度不大。

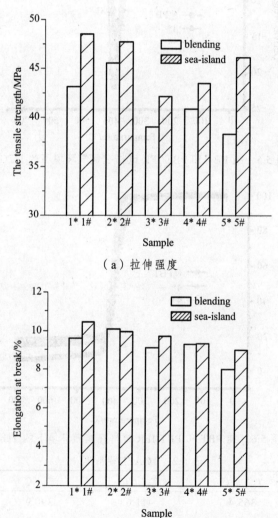

（a）拉伸强度

（b）断裂伸长率

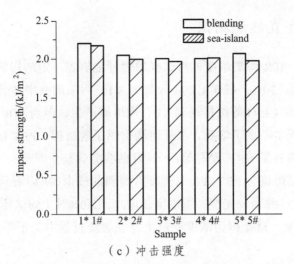

（c）冲击强度

图 5.7　均匀分散及海岛状 PBT/IFR 复合材料的拉伸强度、断裂伸长率以及冲击强度

5.2　颗粒浓度梯度（同等比例）

5.2.1　海岛结构模型

如图 5.8 所示，IFR 含量均为 20% 的海岛结构试样（1#，2#，3#，4#，5#），两种颗粒均按照质量分数比例为 1∶1 来构筑海岛结构。其中，1# 试样由颗粒 PBT/IFR（20%）组成；2# 试样由颗粒 PBT/IFR（25%）、PBT/IFR（15%）组成；3# 试样由颗粒 PBT/IFR（30%）、PBT/IFR（10%）组成；4# 试样由颗粒 PBT/IFR（35%）、PBT/IFR（5%）组成；5# 试样由颗粒 PBT/IFR（40%）、PBT/IFR（0%）组成。通过调控两种颗粒的浓度差，来分析不同颗粒浓度差对海岛型 PBT/IFR 复合材料相关性能的影响。

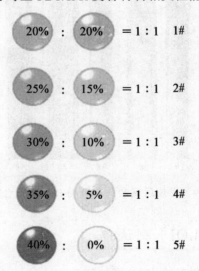

图 5.8　海岛结构 PBT/IFR 阻燃复合材料模型示意图

5.2.2 UL-94 垂直燃烧测试

由表 5.3 可知，IFR 海岛浓度差对试样阻燃性能有着一定的影响。当浓度差为 0% 时，PBT/IFR（20%，20%）试样 UL94 等级为 V1；当浓度差增加到 10% 时，PBT/IFR（25%，15%）试样的 UL94 等级提高到 V0，无熔滴产生；但当 IFR 海岛浓度差增加到 40% 时，在燃烧过程中产生了熔滴，并且熔滴引燃了脱脂棉，PBT/IFR（40%，0%）试样的 UL94 等级也降到了 NR（没有等级），阻燃性能变差。

如图 5.9 所示是燃烧后 PBT/IFR 阻燃复合材料的残余，可以看到，当浓度差为 10% 时（2#试样），2#试样残余较完整；当浓度差增加到 40% 时（5#试样），火焰燃到夹具，5#试样残余变形严重。这是因为浓度差过大，在燃烧过程中，不能及时形成阻燃凝聚相，流延现象突出。

表 5.3　垂直燃烧结果

序号	试样	浓度差/%	熔滴	点燃脱脂棉	（t_1+t_2）/s	UL94 等级
1#	PBT/IFR（20%，20%）	0	No	No	20.22	V1
2#	PBT/IFR（25%，15%）	10	No	No	7.18	V0
3#	PBT/IFR（30%，10%）	20	No	No	10.69	V0
4#	PBT/IFR（35%，5%）	30	No	No	56.54	V2
5#	PBT/IFR（40%，0%）	40	Yes	Yes	111.69	NR

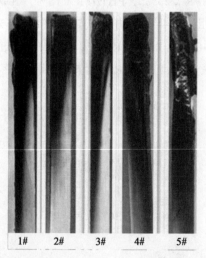

图 5.9　燃烧后剩余的 PBT/IFR 阻燃复合材料

5.2.3 极限氧指数（LOI）测试

如图 5.10 所示，随着浓度差从 0% 增加到 40%，试样的 LOI 值呈现出先增加后减小的变化。当海岛状浓度梯度差为 10%时（2#试样），LOI 值最大，为 23.7%，比 20%IFR 均匀分布的 LOI 值高 0.7%，并且与 25%IFR 含量 LOI 值相当；当海岛状浓度梯度差增加到 40%时（5#试样），LOI 值最小，为 21.8%，下降幅度达 8.02%。在同等 IFR 含量下，通过调控海岛浓度差，使 PBT/IFR 复合材料的 LOI 值变化明显，说明海岛状浓度差对 PBT/IFR 复合材料的阻燃性能有一定影响。当海岛浓度差在 10%以下时，有利于 PBT/IFR 复合材料在燃烧时形成阻燃凝聚相；当海岛浓度差大于 10%时，随着海岛浓度梯度差的增加反而降低。

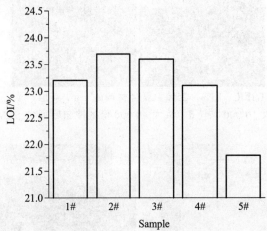

图 5.10　海岛状结构 PBT/IFR 阻燃复合材料的 LOI 结果

5.2.4　扫描电子显微镜（SEM）测试

为了进一步观察 IFR 在 PBT 中的分布形态及炭层结构，使用 SEM 来观察炭层内外表面和冲击断面。如图 5.11（a）所示，PBT/IFR（15%，25%）试样在做完 LOI 测试后的炭层外表面，致密的炭层外表面能直接接触热源，可作为凝聚相与气相间传质、传热的物理屏障，延缓聚合物软化及分解。在升温过程中，炭层内表面比外表面受热更低，主要呈现了 IFR 阻燃体系在液炭开始固化形成固态泡沫炭层的过渡形态。如图 5.11（b）所示，PBT/IFR（15%，25%）试样在做完 LOI 测试后的炭层内表面，可以清楚地看到"花骨朵"状的过渡形态。如图 5.11（c）、（d）所示，IFR 不均匀分布在 PBT 基中，正如预期一样，IFR 被调控为浓度梯度分布。

5.2.5　偏光显微镜（PLM）测试

如图 5.12（a）所示为 IFR 均匀分布在 PBT/IFR（20%）复合材料中，可以看到 PBT 晶粒已被添加的 IFR 破坏；如图 5.12（b）为 IFR 海岛分布在 PBT/IFR（0%，40%）复合材料中，图中黑色部分为 PBT/IFR（40%）复合材料，有晶粒部分为纯 PBT。

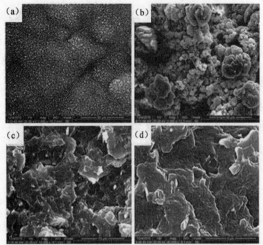

图 5.11　海岛结构 PBT/IFR（15%，25%）复合材料的（a）炭层外表面和（b）内表面以及（c）放大 10 000 与（d）放大 40 000 倍的冲击断面的 SEM 结果

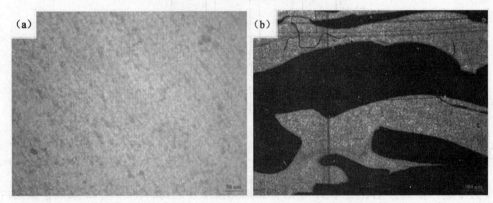

（a）PBT/IFR（20%，20%）　　　　　　（b）PBT/IFR（0%，40%）

图 5.12　PBT/IFR 复合材料偏光显微镜照片

5.2.6　热失重

不同浓度梯度的海岛结构 PBT/IFR 的热稳定性是通过热失重分析仪来测试的，在 N_2 环境下，试样按 10 ℃/min 的速度从室温升高到 700 ℃，获得每种试样质量损失百分比的变化。如图 5.13 和图 5.14 所示，可知不同浓度梯度的热降解速度总的变化趋势不大，质量损失主要发生在 300～450 ℃ 区间，具体数据如表 5.4 所示。可以发现不同海岛结构的分解 T_{onset} 不同，当海岛结构梯度为 0% 时，此时的 T_{onset} 为 327.9 ℃，然而海岛结构梯度为 30% 时，T_{onset} 最高，为 349.2 ℃，这与海岛结构中不同 IFR 含量的区域有关。在试样 PBT/IFR（5%，35%）中的 PBT/IFR（5%）区域有利于提高 T_{onset}，而 PBT/IFR（35%）区域降低了 T_{onset}，两种不同含量的 IFR 相互制约，得到最终的 T_{onset}，通过海岛结构调控残炭量增加到 14.43%。

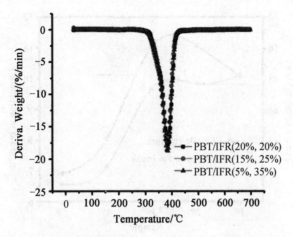

图 5.13 海岛结构 PBT/IFR 试样在氮气环境下的 DTG

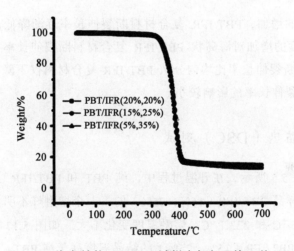

图 5.14 海岛结构 PBT/IFR 试样在氮气环境下的 TG

表 5.4 海岛结构 PBT/IFR 试样在氮气环境下的 TG 数据

序号	试样	T_{onset}/℃	T_{max}/℃	残炭量/%
1#	PBT/IFR（20%，20%）	331.1	405.8	12.55
2#	PBT/IFR（15%，25%）	327.9	401	14.43
4#	PBT/IFR（5%，35%）	349.2	401.9	13.17

5.2.7 力学性能

如图 5.15 所示，可以得出随着浓度梯度的增加，拉伸强度先增大后减小，通过海岛结构的优化，最大拉伸强度能达到 50.5 MPa，说明浓度梯度的大小对拉伸强度有影响，浓度梯度越小越有利于增大 PBT/IFR 复合材料的拉伸强度。

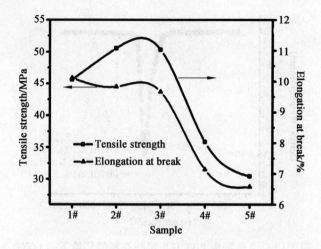

图 5.15　海岛结构 PBT/IFR 复合材料的拉伸强度（MPa）、断裂伸长率（%）结果

随着浓度梯度的增加，PBT/IFR 复合材料断裂伸长率逐渐降低，最大下降幅度达 35%，说明浓度梯度的增加对海岛状 PBT/IFR 复合材料断裂伸长率有损坏。但当浓度梯度为 10%时，其断裂伸长率比均匀分散 PBT/IFR 复合材料仅下降 0.28%，这表明较小的浓度梯度对断裂伸长率的影响较小。

5.2.8　差示扫描热（DSC）测试

如图 5.16 和表 5.5 所示，在升温过程中，纯 PBT 和 PBT/IFR（15%，25%）均出现多个熔融峰，但样品 PBT/IFR（15%，25%）的第一个熔融峰不明显，两个样品的熔融温度分别是 223.5 °C 和 223.1 °C，熔融温度变化不大。如图 5.17 和表 5.5 所示，在降温过程中，样品 PBT/IFR（15%，25%）的结晶温度高于纯 PBT，提高了 18.1 °C。

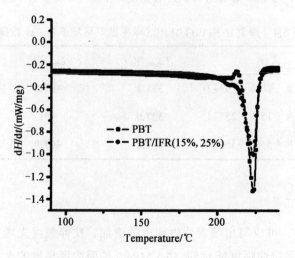

图 5.16　纯 PBT 和 PBT/IFR（15%，25%）的 DSC 升温曲线

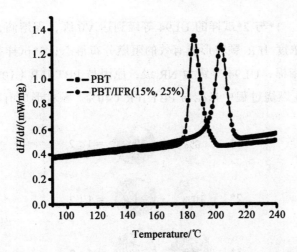

图 5.17　纯 PBT 和 PBT/IFR（15%，25%）的 DSC 降温曲线

表 5.5　纯 PBT 和 PBT/IFR（15%，25%）的 DSC 数据

试样	T_m/°C	ΔH_m/（J/g）	T_c/°C
PBT	223.5	43.74	185.3
PBT/IFR（15%，25%）	223.1	30.98	203.4

5.3　颗粒浓度梯度（不同比例）

5.3.1　海岛结构模型

如图 5.18 所示，IFR 含量均为 20% 的海岛结构试样（1*，2*，3*，4*，5*），两种颗粒均按照质量分数比例为 1：2 来构筑海岛结构，对海岛结构进一步调控。其中，1*试样由颗粒 PBT/IFR（0%）、PBT/IFR（30%）组成；2*试样由颗粒 PBT/IFR（10%）、PBT/IFR（25%）组成；3*试样由颗粒 PBT/IFR（20%）、PBT/IFR（20%）组成；4*试样由颗粒 PBT/IFR（30%）、PBT/IFR（15%）组成；5*试样由颗粒 PBT/IFR（40%）、PBT/IFR（10%）组成。通过调控两种颗粒的浓度差，来分析不同颗粒浓度差对海岛型 PBT/IFR 复合材料的相关性能的影响。

5.3.2　UL-94 垂直燃烧测试

表 5.6 为不同 IFR 调控形态下的 PBT/IFR 阻燃复合材料的垂直燃烧结果，试样的 IFR 总含量为 20%，两种颗粒质量分数比为 1：2，通过改变每种颗粒 IFR 含量来调控海岛结构，随着质量分数为 2/3 的颗粒 IFR 浓度从 30% 降低到 10%，UL94 等级也从

V0 级降低到 NR 级。1*与 2*试样的 UL94 等级到达 V0 级，无熔滴，这是因为高浓度 IFR 颗粒能够与低浓度 IFR 颗粒形成有效的阻燃分布形态；5*试样在测试过程中产生熔滴，熔滴引燃脱脂棉，UL94 等级为 NR 级，原因是 PBT/IFR（10%）颗粒占有试样的 2/3 质量分数，在燃烧过程中未能与 PBT/IFR（40%）颗粒形成有利的阻燃分布。

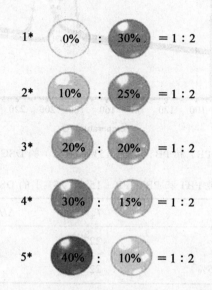

图 5.18　海岛结构 PBT/IFR 阻燃复合材料模型示意图

表 5.6　垂直燃烧结果

序号	试样	浓度差/%	熔滴	点燃脱脂棉	（t_1+t_2）/s	UL94 等级
1*	PBT/IFR（0%，30%）	30	No	No	9.5/3.61	V0
2*	PBT/IFR（10%，25%）	15	No	No	2.12/2.3	V0
3*	PBT/IFR（20%，20%）	0	No	No	14.59/1	V1
4*	PBT/IFR（30%，15%）	15	No	No	16.97/0.69	V1
5*	PBT/IFR（40%，10%）	30	Yes	Yes	51/1.6	NR

5.3.3　极限氧指数（LOI）测试

如图 5.19 所示，通过调控两种 PBT/IFR 颗粒中的 IFR 添加量，构筑了不同的海岛浓度形态，随着质量分数为 2/3 的颗粒 IFR 添加量从 30%降低到 10%，试样的 LOI 值呈现出先增加后减小的变化。2*试样的 LOI 值最大，为 23.9%；5*试样的 LOI 值最小，为 21.9%，下降幅度为 8.37%，说明高浓度颗粒质量分数占比大，有利于提高 PBT/IFR 复合材料的阻燃性能。

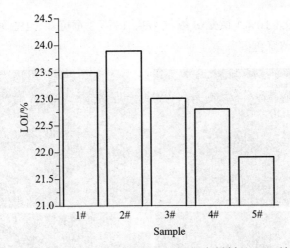

图 5.19　海岛状结构 PBT/IFR 阻燃复合材料的 LOI 结果

5.3.4　扫描电子显微镜（SEM）测试

为了进一步测试 IFR 海岛分布于 PBT/IFR 复合材料的微观形貌，采用 SEM 对 PBT/IFR（40%，10%）阻燃复合材料脆断面进行观察，如图 5.20 所示。如图 5.20（a）所示，深色部分为 PBT/IFR（10%），浅色部分为 PBT/IFR（40%），可以发现 IFR 形成了海岛浓度梯度分布，在燃烧过程中，由于 PBT/IFR（10%）体积大约为 PBT/IFR（40%）的两倍，导致了海岛结构不能形成连续的阻燃凝聚相，来阻断热源及空气对内部 PBT 基体的接触，致使 5#试样阻燃性能差。如图 5.20（b）所示，上部为 PBT/IFR（10%）复合材料，下部为 PBT/IFR（40%）复合材料，因为 IFR 海岛分布两相的组成成分相同，因此界面无明显缺陷，黏接性较好。当添加 10%IFR 时，PBT 基体的连续性未受到破坏，IFR 分散均匀，如图 5.20（c）所示；当 IFR 添加量达 40%时，IFR 不均匀分布于 PBT 基体，并且 IFR 与 PBT 基体之间存在明显的缺陷，这是由于无机 IFR 微粒与有机 PBT 基体存在极性差异，是因相容性差造成的，如图 5.20（d）所示。

5.3.5　偏光显微镜（PLM）测试

如图 5.21 为 IFR 海岛分布在 PBT/IFR 复合材料中的偏光显微镜照片。图中无结晶部分为 PBT/IFR（30%）复合材料，中间有晶粒部分为纯 PBT。

5.3.6　热失重

通过 TGA 来测试海岛状浓度梯度分布对复合材料热降解的影响，如图 5.22 和图 5.23 所示，2#，5#样品的热降解过程相似，具体数据如表 5.7 所示，但 5#样品 T_{max} 和 T_m 值大于 2#样品，这是由于 5#样品中低浓度颗粒 PBT/IFR（10%）质量分数占 2/3，而 2*样品中 PBT/IFR（10%）质量分数占 1/3，由第 3 章可知，IFR 可以使 PBT/IFR 复合材料的 T_{max} 和 T_m 值降低。

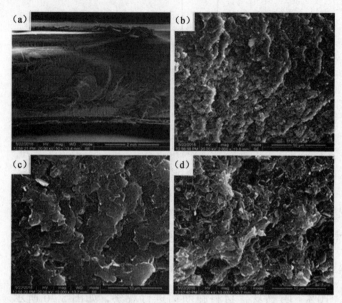

图 5.20　海岛状结构 PBT/IFR（40%，10%）阻燃复合材料的 SEM 结果
（a）PBT/IFR（40%，10%），（b）界面，（c）PBT/IFR（10%），（d）PBT/IFR（40%）

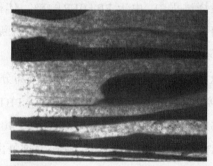

图 5.21　海岛结构 PBT/IFR（30%，0%）复合材料偏光显微镜照片

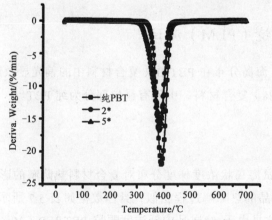

图 5.22　纯 PBT 和 PBT/IFR 试样在氮气环境下的 DTG

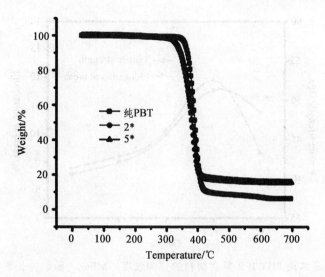

图 5.23   纯 PBT 和 PBT/IFR 试样在氮气环境下的 TG

表 5.7   TGA 主要数据

试样	T_{onset}/°C	T_{max}/°C	T_m/°C	残炭量/%
纯 PBT	365.4	411.6	390.9	6.07
2*	345	402.7	382.3	15.38
5*	345.4	404.5	384.5	15.42

5.3.7   力学性能

如图 5.24 所示，通过海岛结构的调控及优化，拉伸强度及断裂伸长率先增大后减小，当调控组成海岛结构的组分为 PBT/IFR（10%）、PBT/IFR（25%）时（2*试样），拉伸强度与断裂伸长率最佳，分别达到 51.26 MPa、11.89%；当过度构筑及调控海岛结构，如 5*试样，此时拉伸强度与断裂伸长率分别降低到 40.58 MPa、8.77%，下降幅度分别为 20.83%、26.24%。说明海岛结构的调控对 PBT/IFR 复合材料的力学性能有影响。这主要是因为海岛结构由两部分组成，在两部分之间形成大量界面，而这些界面能够阻止微裂纹的进一步扩散，使微裂纹起于高 IFR 含量部分，止于低 IFR 含量部分。但过度调控海岛结构，导致裂纹快速变大，界面和低 IFR 含量无法阻止裂纹的扩散，此时，PBT/IFR 复合材料的力学性能进一步恶化。

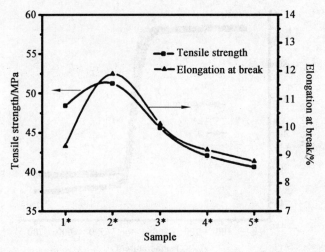

图 5.24 海岛结构 PBT/IFR 复合材料的拉伸强度（MPa）、断裂伸长率（%）结果

5.4 结束语

与均匀分布试样对比，经过 IFR 海岛结构调控后的试样有助于提高 PBT/IFR 复合材料的极限氧指数，当 IFR 添加量为 22.5%时，海岛 PBT/IFR 复合材料的 LOI 值为 24.1%，相当于均匀分散 PBT/IFR（26.25%）复合材料的 LOI 值，通过 IFR 海岛结构的设计优化，降低了 IFR 的填充量，从而降低了生产成本。TGA 测试表明，海岛结构设计，降低了 PBT/IFR 复合材料的 T_{onset}、T_{max}，提高了残炭量。力学性能测试表明，海岛结构提高了 PBT/IFR 复合材料的拉伸强度，但断裂伸长率及冲击强度有小幅度下降。

在两种颗粒质量分数的比例为 1∶1，以及 PBT/IFR 复合材料调控后的 IFR 总含量均为 20%的情况下，优化 PBT/IFR 复合材料中的 IFR 海岛结构，发现随着两种颗粒浓度差的增加，PBT/IFR 复合材料的阻燃性能逐渐减低，当 IFR 海岛结构调控到颗粒浓度差为 10%时，PBT/IFR 复合材料有着最优的阻燃海岛形态。PLM，SEM 表征了海岛结构成炭前后的微观形貌，DSC 测试证明海岛结构能够减弱纯 PBT 的多重峰。力学性能测试表明，合理优化海岛结构有助于提高其力学性能。

在两种颗粒质量分数的比例为 1∶2，以及 PBT/IFR 复合材料的 IFR 总含量均为 20%的情况下，调控 PBT/IFR 复合材料中的 IFR 海岛形态。阻燃性能测试表明，高浓度颗粒质量分数占比大，有利于 PBT/IFR 复合材料阻燃性能的提高。海岛结构 PBT/IFR 热降解行为受到海岛结构中的两部分的共同影响，主要受低浓度 IFR 部分影响。

6 多层排布结构 PBT/IFR 阻燃复合材料

6.1 多层排布结构概述

本章所阐述的层状材料既可以归于层状复合材料的范畴，也可归于共混材料的范畴，不同层可以互相弥补性能上的不足和缺陷。PBT/IFR 共混层相比于纯 PBT 层燃烧性能更好，但更脆。通过多层复合，界面可以抑制共混层在受外力时产生的裂纹，有效阻止材料性能进一步恶化；同时，层状结构也有利于提高经济效益，如图 6.1 所示。

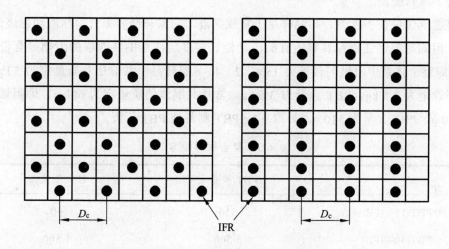

图 6.1　均匀分布和多层分布示意图

通过双螺杆挤出机和平板硫化机制备 2、4、6 层 PBT 纯树脂与 PBT/IFR 共混层交替的样品，测定各样品的拉伸性能和冲击强度，测试层数对力学性能的影响；通过氧指数测定不同样品的 LOI，通过垂直燃烧测试判定其阻燃等级，测试层数对阻燃性能的影响；通过偏光显微镜测试直观观察其多层结构。

本章主要内容在于通过对 PBT、PBT/30%IFR、多层共混样品的拉伸、冲击、垂直燃烧及氧指数测试介绍层数对材料阻燃及力学性能的影响，初步讨论其阻燃机理，找寻能有效阻燃 PBT 且成本较低的阻燃方案，使 PBT 发挥更好的市场价值，从而促进社会的发展和进步。

6.2 多层排布结构调控

6.2.1 PBT/IFR 复合材料制备

1. PBT/IFR 共混体制备

（1）工艺参数

采用挤出机和造粒机制备出 PBT/IFR 共混体颗粒。

表 6.1 挤出工艺参数

区域	物料	机头	一区	二区	三区	四区	五区	六区	七区	八区	九区
温度/°C	229	233	245	245	245	244	235	235	229	218	184

（2）原料配比

阻燃剂含量在 30% 时，共混样品（常规共混）的综合性能（力学性能和燃烧性能）最好。但同时为保证物料具有适宜的流动性，将多层样品中共混层的阻燃剂含量定为 30%，即整个体系中阻燃剂含量为 15%。2、4、6 层样品中共混层总质量定为 5 kg，即阻燃剂含量为 1.5 kg，PBT 含量为 3.5 kg。常规共混体的质量定为 600 g，即阻燃剂含量为 90 g，PBT 含量为 510 g。另取 5 kg PBT 制备纯 PBT 压板。

表 6.2 复合材料配方

配　方	PBT 质量/g	IFR 质量/g
PBT/15%IFR	510	90
PBT/30%IFR	3 500	1 500

（3）PBT/IFR 共混体的制备

将原料称量好后置于烘箱中烘干，烘箱温度为 80 ℃，时间 2 h；将烘干的阻燃剂和 PBT 均匀混合；挤出造粒；烘干。

2. 多层样品制备

再另取 5 kg PBT 树脂。制备前，将 PBT/IFR 共混体和纯 PBT 树脂放入烘箱中烘干。烘箱温度为 80 ℃，时间 2 h。

采用中国青岛亚东橡机有限公司青岛第三橡胶机械厂的 XLB 型平板硫化机压出 2、4、6 层共混样品。先压制出纯 PBT 树脂和 PBT/30%IFR 共混体的单层样品，然后将两者叠加制备出两层共混样品，两块两层样品叠加制备出四层共混样品，一块四层样品和一块两层样品叠加制备出六层共混样品。每种层数的样品制备三块。其中一块用以测试燃烧性能，为 3 mm 厚的磨具制得；另外两块用以测试力学性能，为 0.5 mm 厚的模具制得。

平板硫化机温度定为 245 ℃，压力为 10 MPa。制备纯 PBT 层时，先预热 5 min，然后排气 8~10 次，再保压 5 min，最后冷压 3~5 min。制备 PBT/IFR 时，先预热 10 min，然后排气 8~10 次，再保压 7 min，最后冷压 3~5 min。每两块板叠加时，先预热 15 min，然后排气 10 次，再保压 8 min，最后冷压 3~5 min。

3. 力学性能测试、氧指数测试、垂直燃烧测试样品制备

（1）力学性能测试样品制备

取 2、4、6 层薄板，PBT 薄板及 PBT/15%IFR 薄板各两块，用裁刀裁出哑铃形样品，每类样品各 5 根。样品参数如表 6.3 所示。

表 6.3 样品参数

（a）PBT

样品	1-1	1-2	1-3	1-4	1-5
宽/mm	4.34	4.40	3.50	4.12	4.46
厚/mm	0.60	0.60	0.80	0.62	0.72

（b）PBT/15%IFR

样品	2-1	2-2	2-3	2-4	2-5
宽/mm	4.30	3.42	4.00	4.30	4.32
厚/mm	0.70	0.66	0.62	0.62	0.59

（c）两层

样品	3-1	3-2	3-3	3-4	3-5
宽/mm	4.46	4.56	4.20	4.45	4.83
厚/mm	0.70	0.71	0.71	0.72	0.68

（d）四层

样品	4-1	4-2	4-3	4-4	4-5
宽/mm	4.34	4.48	4.42	4.38	4.30
厚/mm	0.60	0.61	0.72	0.69	0.72

（e）六层

样品	5-1	5-2	5-3	5-4	5-5
宽/mm	4.34	4.41	4.35	4.35	4.41
厚/mm	0.70	0.82	0.83	0.82	0.80

（2）氧指数、垂直燃烧测试样品制备

取制得的厚板裁出垂直燃烧试验样品和氧指数样品。每类垂直燃烧样品各 5 根，长 125 mm，宽 13 mm；每类氧指数样品各 5 根，长 100 mm，宽 10 mm，并在氧指数样品一端 50 mm 处划线做好标记。

6.2.2　PBT/IFR 复合材料表征

1. 偏光显微测试

由图 6.2 可以看到，2、4、6 层样品的偏光显微图都呈明暗交替的条纹状，其中亮条纹为 PBT 层，暗条纹为 PBT/IFR 层。之所以能看到这种明暗交替的图形，原因是共混层中的阻燃剂微粒阻碍了偏振光的通过。图 6.2（a）为 PBT/15%IFR 常规共混样品的偏光显微图，由于其中加入了阻燃剂，图片呈暗色。

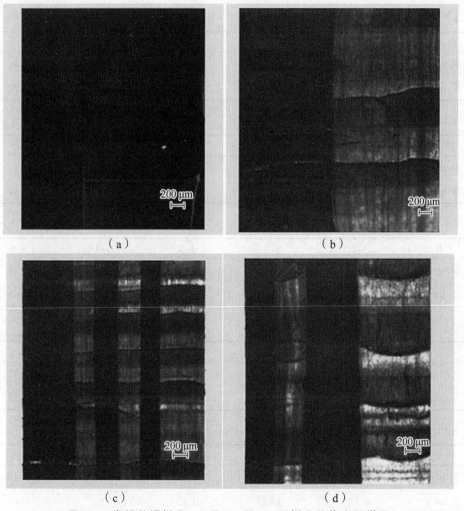

图 6.2　常规共混样品、2 层、4 层、6 层样品的偏光显微图

2. 力学性能

（1）拉伸性能

图 6.3 为 PBT 纯样、IFR/15%IFR 常规共混体系、2 层、4 层、6 层样品的应力应变曲线图。由该图易知纯 PBT 样条在熔点以下具有明显的拉伸屈服现象，第一段应力和应变呈正比，符合胡克弹性规律，其弹性模量约为 500 MPa；从曲线可得纯 PBT 样条在拉应力作用下屈服强度为 49 MPa，拉伸强度为 49 MPa；其断裂伸长率为 47%，相比 PP 等材料韧性较差。

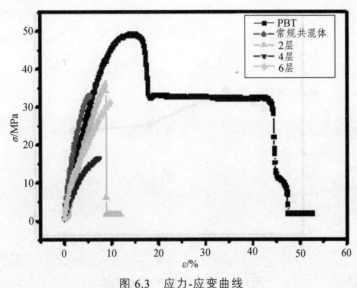

图 6.3　应力-应变曲线

由图 6.3 可以看出，PBT/15%IFR 常规共混体系、2、4、6 层共混体系的应力应变曲线没有明显的拉伸屈服现象。常规共混样品、4 层及 6 层样品在拉应力作用下呈现脆性断裂，无屈服现象发生，而 2 层共混样品出现一定的屈服，屈服强度为 34 MPa，拉伸强度为 34 MPa。共混体的拉伸强度相比 PBT 纯样条有一定下降，原因可能是采用的粉体阻燃剂与 PBT 树脂的相容性不好，混合较差，相间结合力弱，共混后，材料的力学性能下降。五种样条中 PBT 纯样的断裂伸长率最大，4 种共混样品的断裂伸长率均有下降，原因可能是添加阻燃剂之后，材料中产生了较多的缺陷，在拉应力作用下，产生应力集中，导致 PBT 材料的韧性下降。而其中常规共混体系的断裂伸长率最低，多层样品的断裂伸长率相差不多。

从图 6.4 可看出，当阻燃剂含量为 15% 时，共混体系的拉伸强度随着层数的增加先有明显的增长然后出现下降趋势，层数越多，曲线越平缓，变化越不明显。其中，2 层共混体的拉伸强度大于 PBT/15%IFR 常规共混体系的拉伸强度。从图 6.3 可知，PBT 纯树脂的拉伸强度大约为 49 MPa，共混体的拉伸强度都在 30~40 MPa，说明 IFR 阻燃剂对 PBT 材料的力学性能有一定影响，原因可能是在拉应力作用下，阻燃剂诱导应力集中导致 PBT 材料的拉伸强度下降。但在阻燃剂添加量相同时，2 层材料受到的影响要小于常规共混体系，分析认为，多层材料的界面有效地阻挡了脆性层——PBT/30%IFR 共混层在受外力作用时产生的裂纹，使得 2 层材料的拉伸强度优于常规共混材料的拉伸强度。当然，层数过高时，材料的力学性能反而不如常规共混体系好，原因可能是在制备较高层共混材料时，由于设备和磨具的限制，层与层之间黏结不强（出现较大的缺陷），或者由于叠加次数过多，材料总受热时间变长，因而有一定程度的分解，导致材料性能有所降低。

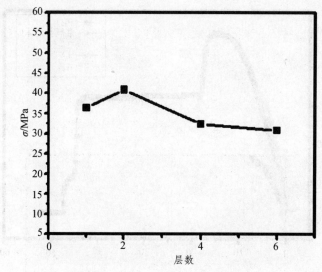

图 6.4　拉伸强度-层数关系图

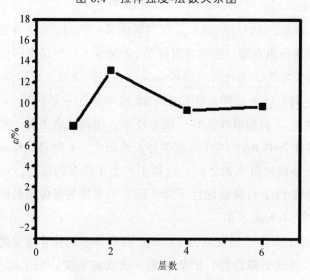

图 6.5　断裂伸长率-层数关系

从图 6.5 可以看到，材料的断裂伸长率随着层数的增加先有显著增大，然后有一定降低，层数越多，变化越小，最后基本维持不变。总的来讲，多层材料的断裂伸长率都高于 PBT/15%IFR 常规共混体系。Sung 等对聚碳酸酯（PC）/苯乙烯-丙烯腈（SAN）交替层状材料的拉伸性能研究发现，拉伸过程中，SAN 脆性层产生的银纹将通过界面被 PC 韧性层的剪切带终止，从而使整个层状材料具有较高的拉伸韧性。由此，PBT/IFR 多层材料的断裂伸长率高于常规共混体系，其原因可能是多层材料的界面有效地阻挡了脆性层——PBT/30%IFR 共混层在受外力作用时产生的裂纹，使得 2 层材料断裂伸长率大于常规共混层的断裂伸长率。

（2）冲击性能

纯 PBT 树脂的冲击强度为 4.2 kJ/m²。由图 6.6 可以看出，共混材料的冲击强度比为 2.5~3.5 kJ/m²，比纯树脂的冲击强度差，原因可能是阻燃剂的添加使 PBT 材料产生缺陷，在外力作用下，材料产生较大的裂缝而导致冲击强度降低。2 层体系的冲击强度最好，原因是多层材料的界面阻挡了脆性层在受外力作用时产生的裂纹，使其冲击强度下降幅度较低。4、6 层共混体系的冲击强度低于常规共混体系，可能是因为磨具的限制，使层间结合较弱（产生较大缺陷），材料的冲击强度降低。

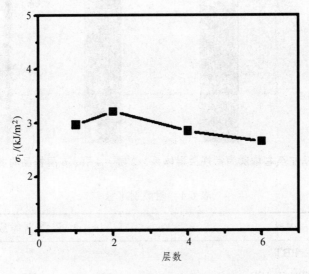

图 6.6　冲击强度-层数关系图

3. 燃烧性能

（1）垂直燃烧

① 纯样

第一次点燃 $t_1=5$ s；第二次点燃后材料燃尽，火焰烧到夹具，在第一次点燃就快速滴落大量熔滴，熔滴引燃脱脂棉。

② PBT/15%IFR

第一次点燃 $t_1=26$ s，产生熔滴，熔滴引燃脱脂棉，样品随即熄灭；第二次点燃 $t_2=35$ s，产生熔滴，样品随即熄灭。

③ 2 层

第一次点燃 t_1=20 s，产生熔滴，熔滴引燃脱脂棉，样品随即熄灭；第二次点燃 t_2=10 s，产生熔滴，样品随即熄灭。

④ 4 层

第一次点燃 t_1=24 s，产生熔滴，熔滴引燃脱脂棉，样品随即熄灭；第二次点燃 t_2=24 s，产生熔滴，样品随即熄灭。

⑤ 6 层

第一次点燃 t_1=3 s；第二次点燃 t_2=10 s，出现熔滴，引燃脱脂棉，样品随即熄灭。

图 6.7 为常规共混体系、2 层、4 层、6 层样品的燃烧残余。表 6.4 为阻燃剂等级。

图 6.7 从左至右依次为常规共混体系、2 层、4 层、6 层样品的燃烧残余

表 6.4 阻燃剂等级

材料	阻燃剂等级
PBT	无
PBT/15%IFR	V2
2 层	V2
4 层	V2
6 层	V2

根据 UL94 标准判断得常规共混样品、2 层、4 层、6 层样品的阻燃等级为 V2 级。PBT 纯样燃烧剧烈，没有燃烧残余。常规共混样品、2 层、4 层没有燃尽，但都在第一次点燃后就出现熔滴，6 层样品在第二次点燃后才出现熔滴。常规共混样品从燃烧到熄灭经历的时间最久。说明在添加一定量的阻燃剂后，材料的阻燃性能提高，原因是共混材料中添加的膨胀型阻燃剂在样品被点燃后发挥作用，生成了多孔泡沫炭焦层，该

炭胶层是一个多相系统，能延缓和中断燃烧。阻燃剂含量相同时，多层材料的阻燃效果优于常规共混材料的阻燃效果，原因是多层材料的层界面和约束层空间对抑制火势传播有重要作用。但多层材料的阻燃效果并没有明显优于常规共混材料，原因可能是多层材料的层数相对较低，如果层数更高，如 16 层、32 层等，阻燃优势会更明显。

（2）氧指数

复合材料的氧指数如图 6.8 所示。

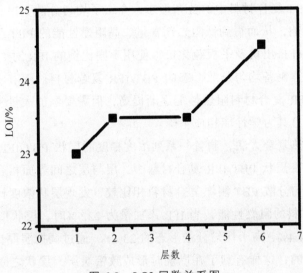

图 6.8　LOI-层数关系图

经测定，PBT 纯树脂的 LOI 为 21.5%。由图 6.8 可以看出，共混材料的 LOI 在 23%至 24.5%之间，明显高于纯树脂的氧指数，原因是共混材料中添加的膨胀型阻燃剂在样品被点燃后发挥作用，生成了多孔泡沫炭焦层，该炭胶层是一个多相系统，能延缓和中断燃烧。4、6 层材料的氧指数高于常规共混材料的氧指数，原因是多层材料的层界面和约束层空间对抑制火势传播有重要作用。

7 课程结束语

本书针对 PBT 阻燃复合材料的阻燃性能优化,利用双螺杆挤出机以及平板硫化机,通过调控 IFR 在 PBT 复合材料中的分布形态,介绍了均匀分散、层状以及海岛形态对 PBT 复合材料的影响,从而得到低阻燃剂含量、高阻燃性能的 PBT 阻燃复合材料。

（1）利用双螺杆挤出机及平板硫化机,使用不同比例的 IFR 对 PBT 阻燃改性,通过均匀分散的方法,制备均匀分散形态的 PBT/IFR 复合材料。随着阻燃剂质量分数的增加,虽然 PBT/IFR 复合材料阻燃性能逐渐提高,但需要添加大量阻燃剂才能达到良好的阻燃性能,而且其力学性能相应下降。

（2）通过多层热复合方法,制备一系列浓度梯度的层状 PBT/IFR 复合材料。发现浓度梯度 IFR 分布在层状 PBT/IFR 复合材料中,层与层之间界面相容性好。通过层状浓度梯度分布与均匀分散 PBT 阻燃复合材料相比较,发现层状浓度梯度分布有助于提高 PBT 阻燃复合材料的阻燃性能,当 IFR 添加量为 22.5%时,层状形态 PBT/IFR 复合材料的 LOI 值为 24.4%,高于均匀分散形态的 23.1%。通过调控层厚比例发现,合理调控层厚比是有必要的,这样有利于在燃烧时形成致密炭层。层状之间浓度差越小以及浓度梯度多级化,有助于提高层状 PBT/IFR 复合材料的阻燃性能,延缓复合体系的燃烧,而且还能抑制银纹在整个体系中的扩展,减缓其力学性能下降的幅度。IFR 浓度梯度分布对层状 PBT/IFR 复合材料的热稳定性有一定影响。

（3）通过单层热复合方法,制备一系列海岛形态的 PBT/IFR 复合材料。IFR 呈海岛形态,分布在 PBT/IFR 复合材料中,且海岛之间界面相容性较好。通过海岛分布与同等质量分数 IFR 均匀分散 PBT/IFR 复合材料相比较,发现海岛分布有利于提高 PBT 阻燃复合材料的阻燃性能,当 IFR 添加量为 22.5%时,海岛 PBT/IFR 复合材料的 LOI 值为 24.1%,相当于均匀分散 PBT/IFR（26.25%）复合材料的 LOI 值,通过 IFR 海岛结构的设计优化,降低了 IFR 的填充量,从而降低了生产成本。在 IFR 总质量分数不变的条件下,通过调控优化 IFR 海岛分布,有助于减缓 PBT/IFR 复合材料力学性能的下降幅度。海岛形态的变化,对 PBT/IFR 阻燃复合材料的热稳定性有一定影响。

参考文献

[1] 朱明源，王尹杰，李莉，等. 超韧阻燃 PBT 材料的制备与性能研究[J]. 塑料工业，2015，41（1）：113-115.

[2] 林公澎，邓群云，陈力，等. 玻纤增强 PBT 的无卤阻燃改性研究[C]. 中国阻燃学术年会会议，2012.

[3] 张全德. PBT 合成工艺研究[J]. 聚酯工业，1995（2）：15-25.

[4] 韩亚东，王丽霞，安春兰，等. 对苯二甲酸直接酯化法合成 PBT 树脂的研究[J]. 合成纤维工业，1994，17（5）：24-28.

[5] 樊伟. 二辛基氧化锡催化直接酯化法制备聚对苯二甲酸丁二醇酯研究[D]. 大连：大连理工大学，2013.

[6] 张丽. 聚对苯二甲酸丁二醇酯发展现状及市场前景分析[J]. 中国石油和化工经济分析，2016（9）：47-50.

[7] 王德全. PBT 工程塑料现状及新产品开发[J]. 塑料加工应用，2000，22（4）：47-54.

[8] 巴斯夫. 新款低形变 PBT 产品[J]. 工程塑料应用，2010，38（4）：17.

[9] 任华，张勇，张隐西. PBT/ABS 均匀分散体系研究进展[J]. 中国塑料，2001，15（11）：6-9.

[10] 刘小林. 丙烯酸漆对 PC/PBT 均匀分散物性能和微观结构的影响[J]. 塑料工业，2016，44（6）：77-81.

[11] 黄丽. 高分子材料[M]. 北京：化学工业出版社，2005：116-122：

[12] 黄倩. 无卤阻燃 PBT 工程塑料的制备与性能研究[D]. 大连：大连理工大学，2011.

[13] 段家真，王尹杰，朱明源，等. 玻纤增强 PBT/ASA 合金的性能研究[J]. 塑料工业，2016，44（2）：55-57.

[14] 蔡挺松，郭奋，陈建峰. 纳米改性氢氧化铝在 PBT 中的阻燃应用[J]. 塑料工业，2006，34（1）：55-57.

[15] 李建军，欧育湘. 阻燃理论[M]. 北京：科学出版社，2013：31-35.

[16] Koh SC,Gunasekaran A, Tseng CS. Cross-tier ripple and indirect effects of directives WEEE and RoHS on greening a supply chain[J]. International Journal of Production Economics, 2012, 140 (1): 305-317.

[17] 姜玉起. 溴系阻燃剂的现状及其发展趋势[J]. 化工技术经济，2006，24（9）：14-18.

[18] 钟枢，王柄林，王韵峰. 微胶囊化红磷对聚烯烃弹性体阻燃作用的研究[J]. 阻燃材料与技术，2001，（6）：1-4.

[19] 雷凯，潘泳康. STF 微胶囊增韧 PP[J]. 塑料，2015，44（5）：4-6.

[20] 秦兆鲁，李定华，杨荣杰. 氢氧化铝包覆改性聚磷酸铵及其在阻燃聚丙烯中的应用研究[J]. 无机材料学报，2015，30（12）：1267-1272.

[21] 丁率，彭辉，刘国胜，等. 阻燃剂三季戊四醇磷酸酯/聚磷酸铵的热解与成炭机理[J]. 石油化工，2014，43（10）：1173-1178.

[22] Hornsby P. Fire-retardant fillers[A]//Willkie C A, Morgan A B. Fire retardant of Polymeric Materials.2nd Edition[M]. Boca Raton: CRC Press, 2009: 163-185.

[23] ZilbennanJ, HullTR, PrieelD, et al. Fire and Materials[J]. Handbook and edition, 2000(24): 159.

[24] 江玉，谷晓昱，赵静然，等. 氢氧化镁/氢氧化铝混合微胶囊阻燃剂的制备及其性能研究[J]. 中国塑料，2014，28（8）：22-26.

[25] 刘磊，王建立. 氢氧化铝镁复合阻燃剂制备技术研究[J]. 硅酸盐通报，2014，33（1）：225-230.

[26] 袁翠，王新龙. 微米苯基硅树脂微球与膨胀型阻燃剂协效阻燃聚丙烯[J]. 高分子材料科学与工程，2011，27（10）：54-57.

[27] 张芳华，王海增，刘猛，等. 六硅酸镁与膨胀型阻燃剂协同阻燃聚丙烯[J]. 高分子材料科学与工程，2015，31（11）：186-190.

[28] 张鑫，杨荣，邹国享，等. 含硅阻燃大分子相容剂的制备及其在无卤阻燃聚乙烯复合材料中的协效作用[J]. 复合材料学报，2015，32（6）：1618-1623.

[29] 王建荣，欧育湘. 聚磷酸三聚氰胺（MPP）对 PBT 弹性体的膨胀阻燃作用[J]. 阻燃材料与技术，2006（1）：5-8.

[30] Bourbigot S, Bras ML，Delobel R. J Chem Soc Trans[J]. 1996, 92(8): 3435-3444.

[31] Ramani A, Dahoe AE. On the performance and mechanism of brominated and halogen free flame retardants in formulations of glass fibre reinforced poly(butylene terephthalate)[J]. Polymer Degradation and Stability, 2014, 104(104): 71-86.

[32] Bourbigot S，Bras M L，Duquesne S. Recent advances for intumescent polymer[J]. Macromolecular Materials and Engineering, 2010, 289(6): 499-511.

[33] Xia Y，Jian X G，Li J F, et al. Synergistic Effect of Montmorillonite and Intumescent Flame Retardant on Flame Retardance Enhancement of ABS[J]. Polymer-Plastics Technology and Engineering, 2007, 46(3): 227-232.

[34] 欧育湘. 阻燃剂性能/制造及应用[M]. 北京：化学工业出版社，2006：22-39.

[35] 郎柳春，李建军，朱文，等. 无卤阻燃 PBT 的阻燃性及热稳定性[J]. 塑料科技，2010，38（6）：49-52.

[36] Yang W, Hu Y, Tai Q L, et al. Fire and mechanical performance of nanoclay reinforced glass-fiber/PBT composites containing aluminum hypophosphite particles[J]. Composites: Part A, 2011, 42(7): 794-800.

[37] 王少君，李淑杰，郭运华，等. 环保阻燃增强 PBT 的研制及应用[J]. 工程塑料应用，2006，34（12）：42-46.

[38] 上海联模化工有限公司. 塑料阻燃等级[EB/OL]. http://www.lianmo.net/trends-477.html.

[39] Samyn F, Bourbigot S, Jama C, et al. Characterisation of the dispersion in polymer flame retarded nanocomposites[J]. European Polymer Journal, 2008, 44(6), 1631-1641.

[40] 左龙，敖进清，赵天宝，等. 膨胀型阻燃剂对 PBT 阻燃性能及力学性能的影响[J]. 塑料工业，2016，44（10）：59-63.

[41] 高万里，陈宝书，沈佳斌，等. 聚丙烯/阻燃剂填充聚丙烯交替层状复合材料的阻燃及力学性能研究[J]. 高分子学报，2014，（10）：1352.

[42] Cheng K C, Yu C B, Guo W J, et al. Thermal properties and flammability of polylactide nanocomposites with Aluminum trihydrate and organoclay[J]. Carbohydrate Polymers, 2012, 87(2): 1119-1123.

[43] Chen B S, Gao W L, Shen J B, et al. The multilayered distribution of intumescent flame retardants and its influence on the fire and mechanical properties of polypropylene[J]. Composites Science and Technology, 2014, 93(3): 54-60.

[44] Xu S X, Wen M, Li J, et al. Structure and properties of electrically conducting composites consisting of alternating layers of pure polypropylene and polypropylene with a carbon black filler[J]. Polymer, 2008, 49(22): 4861-4870.

[45] 张君君，李斌，王玉峰. IFR 的梯度分布对阻燃 EVA 阻燃和力学性能的影响[J]. 化学与黏合，2011，33（3）：4-8.

[46] 秦计生，彭雄奇，申杰. 考虑纤维方向分布的玻纤增强 PP 复合材料拉伸性能[J]. 复合材料学报，2013，30（8）：54-58.

[47] 危学兵，刘廷福，刘军舰，等. 长玻纤增强聚甲醛复合材料的制备与性能[J]. 塑料，2014，43（2）：23-25.

[48] Samyn F, Bourbigot S, Jama C, et al. Characterisation of the dispersion in polymer flame retarded nanocomposites[J]. European Polymer Journal, 2008, 44(6), 1631-

1641.

[49] Mahapatra S S, Karak N. S-Triazine containing flame retardant hyperbranched polyamines: Synthesis, characterization and properties evaluation[J]. Polymer Degradation and Stability, 2007, 92(6): 947-955.

[50] Deshmukha G S, Peshwea D R,Pathak S U, et al. Nonisothermal crystallization kinetics and melting behavior of poly (butylene terephthalate)(PBT) composites based on different types of functional fillers[J]. Thermochimica Acta, 2014, 581,(6): 41-53.

[51] Liau W B,Tung S H, Lai W C, et al. Studies on blends of binary crystalline polymers: Miscibility and crystallization behavior in PBT/PAr（I27-T73）[J]. Polymer, 2006, 47 (25): 8380-8388.

[52] Chen B S, Gao W L, Shen J B, et al. The multilayered distribution of intumescent flame retardants and its influence on the fire and mechanical properties of polypropylene[J]. Composites Science and Technology, 2014, 93(3): 54-60.

[53] 左龙，敖进清，赵天宝. 层状阻燃结构对 PBT/IFR 复合材料性能的影响[J]. 工程塑料应用，2016，44（8）：26-30.

[54] Liao H H,Liu Y S,Jiang J, et al. Flame-retardant, glass-fabric-reinforced epoxy resin laminates fabricated through a gradient distribution mode[J]. Journal of Applied Polymer Science, 2017, 134(2): 44369.

[55] 范维澄，千清安，姜冯辉，等. 火灾学简明教程[M]. 合肥：中国科技大学出版社，1995.

[56] 周勇. 国内外无卤阻燃剂的研究进展[J]. 江苏科技信息，2012（3）：37-39.

[57] 张军,纪奎江,夏延致. 聚合物燃烧与阻燃技术[M].北京：化学工业出版社, 2005.

[58] 张铁江. 常见阻燃剂的阻燃机理[J]. 化学工程与装备，2009（10）：114-115.

[59] 欧育湘，陈宇，王筱梅. 阻燃高分子材料[M]. 北京：国防工业出版社，2001.

[60] 张翔宇，黄琰，游歌云，等. 无卤阻燃剂研究进展[J]. 精细化工中间体，2011，41（3）：1-8.

[61] 李玉芳，伍小明. 无卤阻燃剂的研究开发进展[J]. 塑料制造，2006（4）：78-83.

[62] 苏宏发，李轶. 无卤阻燃剂研究进展及应用技术[J]. 电线电缆，2007（6）：40-44.

[63] 涂永杰，周达飞. 阻燃剂复配技术在高分子材料中的应用[J]. 现代塑料加工应用，1997（2）：43-46.

[64] 叶红卫，朱平，刘玲. LDPE/EVA 无卤阻燃电缆料的研究[J]. 石化技术与应用，1998（2）：76-79.

[65] 马晓燕，梁国正，鹿海军. 聚烯烃无卤阻燃技术的研究进展[J]. 化工新型材料，

2001，29（8）：26-28.

[66] 唐涛，姜治伟，陈学诚，等. 成炭催化剂对聚烯烃纳米复合材料的阻燃性能和成炭行为的作用[C]. 全国高分子学术论文报告会，2005.

[67] TangT，ChenX C，Chen H，et al. Catalyzing Carbonization of Polypropylene Itself by Supported Nickel Catalyst during Combustion of Polypropylene/Clay Nanocomposite for Improving Fire Retardancy[J]. Chemistry of Materials, 2005, 17(11).

[68] 井蒙蒙，刘继纯，刘翠云，等. 高分子材料的阻燃方法[J]. 中国塑料，2012（2）：13-19.

[69] 崔红卫，李红，刘俊成，等. 合金化阻燃镁合金的研究进展[J]. 铸造技术，2006，27（5）：528-531.

[70] 瞿保钧，陈伟，谢荣才，等. 低烟无卤阻燃聚烯烃的研究进展和应用前景[J]. 功能高分子学报，2002，15（3）：361-367.

[71] 石建江，陈宪宏，肖鹏. 无卤阻燃剂的应用现状[J]. 塑料科技，2007，35（1）：74-77.

[72] 宋文玉，张金贵，石俊瑞，等. 长链聚磷酸铵的制备[J]. 化学世界，1985（9）：5-7.

[73] 冯指南，毛树标. 水难溶性聚磷酸铵的制备[J]. 阻燃材料与技术，1992（3）：5.

[74] 韩国栋. 高效阻燃剂高聚磷酸铵的研制开发[J]. 化工时刊. 1990（5）：27-28.

[75] 薛恩任，曾敏修. 阻燃科学及应用[M]. 北京：国防工业出版社，1988.

[76] 陈根荣. 无机阻燃剂红磷的微胶囊化[J]. 中国塑料. 1991（2）：12-17.

[77] Bourbigot S, BrasML, DelobelR, et al. Synergistic effect of zeolite in an intumescence process. Study of the interactions between the polymer and the additivesJournal of the Chemical Society Faraday Transactions, 1996, 92(18): 3435-3444.

[78] TroitzsehJ. Intennational Plastic Flammability Handbook[M]. 2nd edition. New York, 1990.

[79] Lin H J, Yan H, Liu B, et al. The influence of KH-550 on properties of ammonium polyphosphate and polypropylene flame retardant composites[J]. Polymer Degradation & Stability, 2011 , 96(7): 1382-1388.

[80] 范望喜，李文元，任家强，等. 高分子阻燃材料的研究进展[J]. 天津化工，2010，24（5）：17-19

[81] 杨海洋，肖鹏，胡炳环. 无卤阻燃剂的研究进展[J]. 塑料工业，2006，34（5）：69-72.

[82] Kojima Y,Usuki A,Kawasumi M,et al.Mechanical properties of nylon6-clay hybrid[J].

J Mater Res,1993,8：1185-1189.

[83] 龙飞，李玉臻，杨玲，等. 阻燃高抗冲聚苯乙烯/有机改性蒙脱土纳米复合材料阻燃效应的研究(Ⅱ)——蒙脱土改性比率对阻燃协效性的影响[J]. 火灾科学，2004，13（2）：125.

[84] Gilman J W, Washiwagi T, Lomakin S, et al. Nanocomposites: radiative gasification and vinyl polymer flanunability[C]. Proceedings of the 6th European Meeting on Fire Retardancy of Polylmeric Materials (FRRM'97), University of Lille, France, 1997.

[85] ShaffeM. Presentation"Carbon nanotube modified Polymers" at the conference "Nanostructure Polymer matrices"[C]. Risley Hall, Derbyshire, UK. 2001(9): 11.

[86] BeyerG. Improvements of the fie Performance of nanocomposites[C]. presented at the Thineenth Annual BCC Conference on flame retardancy, Stamford CT, 2002.

[87] KashiwagiT, GrulkeE, Hilding J, et al. Thermal and flammability properties of polypropylene/carbon nanotube nanocomposites[J].Polymer, 2004, 45(12): 4227-4239.

[88] 高盼，黄小东，杨锦飞. PBT 阻燃研究进展[C]. 2014 年中国阻燃学术年会论文，2014.

[89] 杨荣杰，王建祺. 聚合物纳米复合物加工、热行为与阻燃性能[M].北京：科学出版社，2010.

[90] 张军，李仁海，唐建兴，等. 无卤阻燃 PBT 共聚酯的制备及表征[J]. 合成技术及应用，2013，28（2）：9-12.

[91] 许立国. 增强阻燃 PBT/PET 合金的制备与性能研究[D]. 浙江：浙江工业大学，2013：1-73.

[92] 员冬玲. 层状复合陶瓷喷嘴的设计制造及其应用研究[D]. 山东：山东大学，2009：8-10.

[93] 胡源，宋磊. 纳米技术在阻燃材料中的应用[J]. 火灾科学，2001，10（1）：49-52.

[94] 李素锋. 层状与穿插结构无机无卤阻燃制备机器性能研究[D]. 北京：北京化工大学，2001：1-11.

[95] 孔庆红. 聚合物/铁蒙脱土纳米复合材料的制备及阻燃机理研究[D]. 北京：科学技术大学，2006：1-18.

[96] 谢少波，张世民. 聚丙烯/层状硅酸盐纳米复合材料的制备、结构和性能[J]. 高分子通报，2003，12（1）：34-42.

[97] 马志远，刘继纯，井蒙蒙. 聚合物/层状硅酸盐纳米复合材料的阻燃性能研究进展[J]. 化工新型材料，2012，40（4）：23-30.

[98] 夏燎原，谭绍早，谢瑜珊.聚合物/层状硅酸盐纳米复合阻燃材料进展概述[J].材料

导报.2007，21（8）：179-181.

[99] HorrocksA R, PriceD.Fire retardant material[M].Abington Cambridge CB1 6AH, England:Woodhead Publishing Limited,2002.

[100] 周盾白，黄险波，贾德民. 阻燃材料测试与表征方法简述[J]. 上海塑料，2006（2）：39-42.

[101] 邵鸿飞，柴娟.阻燃材料与表征方式概述[J].工程塑料应用，2008，36（1）：69-72.

[102] Sung K, Haderski D, Hiltner A, et al. Crazing phenomena in PC/SAN microlayer composites[J]. Journal of Applied Polymer Science, 2010, 52(2): 121-133.